RC框架结构典型震害及关键破坏机制研究

金 焕 著

U0302204

科学技术文献出版社
SCIENTIFIC AND TECHNICAL DOCUMENTATION PRESS

·北京·

图书在版编目（CIP）数据

RC框架结构典型震害及关键破坏机制研究 / 金焕著. —北京：科学技术文献出版社，2017. 12（2018.7重印）

ISBN 978-7-5189-3673-1

Ⅰ.①R… Ⅱ.①金… Ⅲ.①钢筋混凝土框架—防震设计—研究 Ⅳ.①TU375.4

中国版本图书馆CIP数据核字（2017）第287058号

RC框架结构典型震害及关键破坏机制研究

策划编辑：周国臻 张 丹 责任编辑：王瑞瑞 责任校对：张吲哚 责任出版：张志平

出 版 者	科学技术文献出版社	
地 址	北京市复兴路15号 邮编 100038	
编 务 部	（010）58882938，58882087（传真）	
发 行 部	（010）58882868，58882874（传真）	
邮 购 部	（010）58882873	
官方网址	www.stdp.com.cn	
发 行 者	科学技术文献出版社发行 全国各地新华书店经销	
印 刷 者	北京虎彩文化传播有限公司	
版 次	2017年12月第1版 2018年7月第2次印刷	
开 本	710×1000 1/16	
字 数	220千	
印 张	12	
书 号	ISBN 978-7-5189-3673-1	
定 价	58.00元	

前　言

钢筋混凝土（RC）框架结构房屋占我国建筑总量的 30% 以上，然而，在汶川地震中，认为其抗震设计问题已经解决且具有较强抗震能力的 RC 框架结构却突出地表现出"强梁弱柱"式破坏、薄弱层破坏和短柱式破坏乃至整体倒塌等一系列超出设计初衷的灾难性破坏形式，导致大量人员伤亡和财产损失。

自 2008 年汶川地震以来，对 RC 框架结构的抗震性能开展了大量的研究工作，本书试图在总结过去研究工作的基础上，对 RC 框架结构的典型震害及典型破坏机制进行系统而深入的研究，使框架结构房屋的抗震能力获得实质性提高，从而有效降低地震造成的人员伤亡和财产损失。

本书共 6 章，以汶川漩口中学倒塌的 RC 框架结构教学楼的典型震害为背景，通过填充墙 RC 框架结构伪静力试验及振动台试验，结合理论分析和数值模拟，研究了 RC 框架结构的典型地震破坏机制，主要内容包括：

第 1 章，汶川地震 RC 框架结构典型震害分析，为进一步分析 RC 框架结构的地震破坏机制提供依据。

第 2 章，填充墙对 RC 框架单元破坏模式的影响，以汶川漩口中学倒塌的教学楼为原型，设计完成了考虑楼板及填充墙影响的 RC 框架结构模型伪静力试验，通过试验研究及理论分析，研究了填充墙对典型双不等跨 RC 框架结构破坏及倒塌模式的影响规律。

第 3 章，填充墙框架结构的计算模型，基于填充墙框架结构试验模型的破坏模式，分析并总结填充墙的计算模型，运用 DIANA 非线性有限元分析程序，建立了精细化的微观有限元模型，对试验模型进行了破坏模式数值模拟。通过计算结果与试验结果对比，验证本书建立的有限元模型对填充墙与框架间相互作用规律的模拟的可行性。

第 4 章，短柱破坏机制研究，基于填充墙 RC 框架结构伪静力试验结果，结合理论分析及非线性有限元数值模拟，系统研究了填充墙 RC 框架结构中的短柱破坏机制。

第 5 章，"强柱弱梁"破坏机制研究，通过填充墙 RC 框架结构地震模拟振动台对比试验及有限元数值模拟，研究了填充墙及现浇楼板对结构"强柱弱梁"破坏机制的影响规律，提出可显著提升框架结构整体抗倒塌能力的现浇楼板四角与梁柱有限断开的抗震设计措施。

第 6 章，薄弱层破坏机制研究，本章将考虑填充墙的布置情况及填充墙的材料，针对由于填充墙沿结构竖向分布不均匀而产生薄弱层的情况进行分析，得出合理的结构相邻楼层间初始侧移刚度比的限值及合理的填充墙材料的选用。

本书的研究工作得到了"哈尔滨商业大学博士科研启动基金"的资助，特此向支持和关心本研究工作的所有单位和个人表示衷心的感谢。还要感谢教育笔者多年的师长，感谢笔者的学长和同仁的帮助和支持，感谢出版社同仁为本书出版付出的辛勤劳动。书中有部分内容参考了有关单位或个人的研究成果，均已在参考文献中列出，在此一并表示感谢。

由于笔者水平有限，本书难免存在不妥之处，衷心希望广大读者批评指正。

目　　录

第1章 汶川地震RC框架结构典型震害分析

　　地震，是一种严重危及人民生命财产的自然灾害，全世界每年发生地震约500万次，其中破坏性地震近千次。20世纪，我国发生的影响最大、破坏最强烈的几次地震分别为1966年河北邢台、1975年辽宁海城、1976年河北唐山、1999年台湾集集发生的地震。步入21世纪的十几年间，我国又发生了几次严重的地震，分别为2008年"5·12"四川汶川大地震、2010年"4·14"青海玉树地震及2013年"4·20"四川雅安地震。我国每次发生破坏性严重地震，都会造成大量人员伤亡和巨大的经济损失，居全球发生过大地震的80个国家之首。地震的准确预测仍然是世界性的难题，因此，提高结构的抗震能力特别是大地震下的结构的抗倒塌能力，是当前降低人民生命和财产损失最直接、有效的方法。

　　钢筋混凝土框架结构（以下简称RC框架结构）具有平面布置灵活、室内空间大等特点，被广泛应用于商住楼、办公楼、医院、教学楼及宾馆等建筑结构中，占我国建筑总量的30%以上，通常被认为是一种抗震性能较强且设计理论比较成熟的结构形式。然而，历次地震中，RC框架结构出现了严重的震害，尤其汶川大地震中，大量RC框架结构房屋倒塌，在高烈度区，倒塌率高达近63%，仅次于倒塌率最高（85%）的底框砌体结构，比通常认为抗震能力较弱的砖混结构倒塌率（48%）高15个百分点，导致大量的人员伤亡和巨额经济损失。RC框架结构的严重震害令人出乎意料，引起了地震工程界的广泛关注，如何使作为主要建筑结构类型的RC框架结构房屋的抗震能力获得实质性提高，避免灾难的再度发生，是摆在广大地震工程研究人员和结构工程师面前责无旁贷的首要任务。

　　2008年5月12日，我国四川省汶川县发生里氏8.0级大地震，震中位于汶川县映秀镇，震源深度14 km，汶川地震是我国自中华人民共和国成立以来最为强烈的一次地震，直接严重受灾地区达10万平方公里，包括震中

50 km 范围内的县城和 200 km 范围内的大中城市，地震造成 69 226 人遇难，17 923 人失踪，374 643 人受伤，直接经济损失达 8451 亿元。根据现场灾害调查结果显示，钢筋混凝土框架结构在极震区的倒塌率达到 62.5%，而我们认为抗震性能不如框架结构的砖混结构在极震区反而能够做到"裂而不倒"；抗震设计中要求的"强柱弱梁"破坏机制较少出现，大量的框架出现了柱铰破坏机制；填充墙的破坏及填充墙引起的关联失效破坏严重。综上，钢筋混凝土框架结构未实现良好的抗震概念设计，框架结构在强烈地震作用下进入非线性破坏阶段的破坏形式及倒塌的原因还有待进一步总结、思考并加以研究。本章将参考大量相关文献，对汶川大地震中框架结构的震害特点及形成原因进行整理并总结，明确产生震害的主要原因，为本书后续研究的关键问题提供参考依据。

1.1 RC 框架结构简介

钢筋混凝土框架结构通常是由楼板、梁、柱及基础 4 种承重构件组成的，即是通过框架梁和框架柱组成框架协同作用，共同抵抗使用过程中出现的水平荷载和竖向荷载。框架结构的墙体通常为自承重墙承重，仅起到围护和分隔作用，墙体一般采用预制的加气混凝土、膨胀珍珠岩、空心砖或多孔砖、浮石、蛭石、陶粒等轻质板材等材料砌筑或装配而成。框架结构建筑按照跨数分单跨、多跨；按照层数分单层、多层；按照立面构成分对称、不对称；按照施工方法分整体式、装配式及装配整体式等。

钢筋混凝土框架结构具有造价低、取材丰富、空间大、平面布局灵活多样等优点，满足了人们不断追求使用个性化的要求，被广泛应用于住宅、学校、办公楼等建筑结构中。但是，框架结构的抗侧移刚度小，在强烈地震作用下水平侧移较大，易造成部分框架柱失稳破坏、整体倒塌破坏及严重的非结构性破坏，抗震性能较差，即为"柔性结构"。多层框架结构的平面布置形式非常灵活，框架结构按照承重方式的不同分为以下三类。

①横向框架承重方案。以框架横梁作为楼盖的主梁，楼面荷载主要由横向框架承担。由于横向框架数量往往较少，主梁沿横向布置有利于增强房屋的横向刚度。同时，主梁沿横向布置还有利于建筑物的通风和采光。但由于主梁截面尺寸较大，当房屋需要大空间时，净空较小，且不利于布置纵向管道。

②纵向框架承重方案。以框架纵梁作为楼盖的主梁，楼面荷载由框架纵梁承担。由于横梁截面尺寸较小，有利于设备管线的穿行，可获得较高的室内净空，但房屋横向刚度较差，同时进深尺度受到预制板长度的限制。

③纵横向框架混合承重方案。纵横向框架混合承重方案是沿纵横两个方向上均布置有框架梁，作为楼盖的主梁，楼面荷载由纵向及横向框架梁共同承担，具有较好的整体工作性能。

1.2　框架结构典型震害特点

1.2.1　柱铰破坏机制

钢筋混凝土框架结构的变形能力与框架的破坏机制密切相关，试验表明，梁先屈服可以使整个结构有较大的内力重分布和能量耗散能力，极限层间位移增大，抗震性能较好。所以，《建筑抗震设计规范》提出了"强柱弱梁"的抗震设计原则，采用增大系数法来实现。但是，实际震害的情况却大相径庭，柱铰破坏机制比较普遍。"强柱弱梁"这种概念设计由于地震的复杂性、楼板及填充墙的参与作用、钢筋屈服强度超强等原因，难以通过精确的计算真正实现。因此，设计人员要加强抗震概念设计理念，切实保证建筑物的安全。

汶川大地震是我国自中华人民共和国成立以来最为强烈的一次地震，经震害调查结果表明，框架结构在地震中倒塌或严重破坏的约占 40%，中等破坏的约占 30%，轻微破坏的约占 10%。在这次地震中，钢筋混凝土框架结构房屋的柱端的震害最为严重，而框架梁则一般很少破坏。一般倒塌或者严重破坏的房屋多因某层（常见于底层）较多柱端破坏，使得层间位移角过大，形成层侧移机制。框架结构的破坏形式多为"强梁弱柱"破坏，有悖于《建筑抗震设计规范》所要求的屈服机制，现行设计理念所倡导、追求的"强柱弱梁"式延性破坏现象极少发生。钢筋混凝土框架结构主要震害在柱上下两端，在强震作用下框架柱的主要破坏形式如下。

①柱顶保护层剥落，钢筋外露，形成塑性铰，如图 1-1 所示。

图 1-1　框架柱顶混凝土剥落，钢筋裸露

②柱底部分混凝土压碎，钢筋弯曲，如图 1-2 所示。

图 1-2　框架柱底钢筋严重变形

③柱节点位置箍筋配置不足，钢筋严重变形，如图 1-3 所示。

图 1-3　框架柱顶箍筋约束不足，破坏严重

④角柱破坏严重，钢筋屈曲，如图 1-4 所示。

图 1-4　框架角柱破坏严重

⑤柱端剪切破坏，箍筋已拉脱变形，如图 1-5 所示。

图 1-5　框架柱端剪切破坏

⑥柱端混凝土压碎，产生塑性铰，柱呈倾斜状，如图 1-6 所示。

图 1-6　底层柱子倾斜

⑦柱端转动，结构整体倾斜，如图 1-7 所示。

图 1-7　柱端屈服结构整体倾斜

从框架结构柱的震害特征可以看出，框架结构柱端出现塑性铰、发生剪切破坏等现象比较常见，柱顶通常比柱底破坏严重，柱端出现塑性铰影响了整个结构的稳定性，使整个结构变成了机构。按照我国设计规范进行的结构设计，理应达到"强柱弱梁"的破坏机制，但通过汶川地震框架柱的实际破坏发现，由于现浇板和填充墙等因素的影响，梁的实际刚度大于柱的刚度。在地震作用下，由于没有充分考虑楼板的作用，通常情况下，框架柱端部首先产生塑性铰，柱在轴力、弯矩和剪力的复合荷载作用下，柱顶周围出现水平裂缝、斜裂缝或交叉裂缝，发生弯曲破坏，严重时混凝土压碎或剥落，纵筋屈服成塑性铰破坏。当轴压比较大、混凝土强度不足、箍筋约束不足或无箍筋约束时，柱端混凝土会压碎而影响其抗剪能力，柱顶易发生出现剪切性破坏。底部楼层侧移过大，主要原因是底层作为商用或公共停车场等大空间使用，上部楼层为住宅或宾馆，填充墙使上部楼层的层刚度增大，形成柔性底层结构，个别因施工质量很差则导致底层倒塌。因此，在结构整体抗震方案中，填充墙等非结构构件在结构抗震分析中的作用应给予充分考虑。总之，现行的中国设计规范对框架柱的设计要求不够完善，没有充分考虑影响框架柱受力的因素及影响框架梁承载力增大的因素。

1.2.2　薄弱层破坏

我国的《建筑抗震设计规范》及《高层建筑混凝土结构技术规程》明

确规定了避免薄弱层的出现，提倡简单、对称的平立面布置方案，保证抗侧力构件的刚度和承载力上下变化连续、均匀，没有明显的刚度和承载力突变。实际震害表明，如果建筑结构的平面布置不当而造成刚度中心和质量中心有较大的不重合，或者框架柱在平面内或沿高度方向不对齐，地震中因扭转效应和传力路径中断等原因造成结构破坏严重，甚至导致结构垮塌，对建筑物抗震性能是十分不利的。

汶川大地震中，一些建筑物产生了典型的薄弱层破坏现象。图 1-8 为都江堰某框架结构住宅的震害，该结构底部 2 层作为停车场，未设置填充墙，而上部楼层作为宾馆客房，设置了大量的填充墙，使上部楼层刚度显著增大，而底部 2 层刚度则相对较小，形成薄弱层，在强烈地震作用下，底部 2 层柱端均出现塑性铰，形成屈服机制，完全坍塌，总共 5 层的建筑变成了 3 层。这类底部大空间结构，底部楼层侧移过大，上部楼层刚度大侧移小，薄弱层破坏中是比较常见的，如图 1-9 所示，另外，由于结构竖向刚度不均匀，同样会形成中部或角部的薄弱层，从而导致结构的严重破坏及局部垮塌，如图 1-10 和图 1-11 所示。当填充墙平面不规则布置时，造成框架结构的刚度中心偏移，导致框架结构在地震作用下产生过大的附加扭转弯矩（特别在角部），导致结构产生地震效应扭转破坏，如图 1-12 所示。因此，这类问题需在结构整体抗震方案中，将填充墙等非结构构件在结构抗震分析中给予充分考虑。

图 1-8　某住宅楼底部 2 层坍塌

图 1-9　底层柱薄弱导致上部下坐垮塌

图 1-10　结构中部薄弱层破坏　　　　图 1-11　结构角部薄弱层垮塌

图 1-12　填充墙平面内不均匀布置产生扭转破坏

1.2.3　短柱破坏

短柱是指净高与截面高度之比不大于 4 的柱，通常通过剪跨比小于 2 来验算。短柱的刚度大，分担的地震剪力也较大，容易产生脆性剪切破坏。短柱剪切破坏比较严重，箍筋应该全高加密，沿柱全高范围内的箍筋直径不应小于 Φ8，箍筋间距，8 度时不应大于 150 mm，9 度时不应大于 100 mm。以此来提高柱子的承载力及延性，避免发生短柱破坏而导致结构倒塌。

窗间填充墙的不合理布置或错层极易形成框架柱短柱，产生剪切破坏的问题，如图 1-13 所示，在窗间墙的位置，由于填充墙对框架柱存在约束效应，在反复地震作用下，导致柱产生短柱剪切破坏。如图 1-14 所示，结构错层的位置，柱子很短，剪跨比比较小，同样导致短柱破坏。我国抗震规范明确规定了"强剪弱弯"的抗震设计原则，而短柱的形成导致结构很难实现延性破坏机制，不利于实现大震不倒的设防目标。

图 1-13　窗间墙造成短柱剪切破坏

图 1-14　结构错层造成短柱剪切破坏

1.2.4　单跨框架破坏

　　单跨钢筋混凝土框架结构的抗震性能较差，不满足多道抗震设防的要求，规范规定高层建筑不应采用单跨框架结构，多层建筑不宜采用单跨框架结构。该结构形式的抗侧刚度较小，耗能能力差，冗余度小，在强烈地震作用下，一旦柱子出现塑性铰，结构很可能出现连续倒塌。在汶川地震中，出现了较多的震害实例，如图 1-15 和图 1-16 所示。尤其在框架结构教学楼建筑中，由于强烈地震的作用，采用单跨悬挑走廊的建筑结构倒塌比例较大，故多层框架结构中，对于重要的建筑物也不应采用单跨框架结构形式。

图 1-15　单跨框架横向垮塌　　　　图 1-16　单跨框架严重破坏

1.2.5　填充墙破坏

　　围护墙和填充墙是钢筋混凝土框架结构中不可缺少的非结构构件，抗震设计中除了通过周期折减系数来考虑填充墙对结构刚度的影响外，填充墙对结构的抗震性能影响规范并未做出规定。砌体填充墙刚度大而承载力低，首先承受地震作用而遭破坏，一般 7 度即出现裂缝；8 度及 8 度以上地震作用下，裂缝明显增加，填充墙块材掉落。由于框架变形属剪切型，下部层间位移大，填充墙震害呈现"下重上轻"的现象，空心砌体墙重于实心砌体墙，圆弧形填充墙重于直线填充墙。通过汶川实际地震震害调查表明，填充墙的破坏形式主要有如下几种。

　　（1）梁柱连接位置裂缝

　　在地震作用下，框架与填充墙作为一个组合构件共同承担框架整体弯矩和层间剪力。填充墙框架结构施工时，框架浇注完成后再砌填充墙，墙体与框架梁之间留有空隙，采用砂浆填实但难以保证密实，交接处成为薄弱部位产生水平裂缝，如图 1-17 所示，填充墙和框架梁界面上出现水平裂缝是较为普遍现象。另外，填充墙与框架柱之间连接位置，由于地震荷载的反复作用，二者抗侧移刚度差异较大，同样会发生竖向拉脱裂缝，如图 1-18 所示。随着地震作用的增大，梁底和柱边的裂缝会进一步扩展，在交接界面相互挤压，会导致交接处砌体损坏。

图 1-17　墙—梁界面水平裂缝　　　　图 1-18　墙—柱截面竖向裂缝

（2）十字交叉对角斜裂缝

当框架结构在地震作用下，若墙体与框架柱之间可靠连接，填充墙与梁、柱一起共同受力，二者协同工作。一方面墙体受到框架的约束；另一方面填充墙框架产生斜压支撑作用。由于填充墙早期的刚度大吸收了较大的地震作用，而其本身强度相对较低，填充墙通常沿对角线首先开裂产生斜裂缝或交叉裂缝，如图 1-19 所示。

图 1-19　填充墙十字交叉斜裂缝

（3）八字交叉对角斜裂缝

当填充墙高宽比较小，在 0.5~1.0 时，则会沿填充墙对角线方向产生沿灰缝的阶梯形剪切和滑移裂缝，填充墙裂缝由角部作用力处产生，沿对角阶梯形灰缝发展至另一端。对于低矮填充墙，由于破坏角度较小，斜向对角裂缝不能贯通，会在填充墙中部伴有水平裂缝，水平裂缝砂浆产生剪切滑移，如图 1-20 所示。

图 1-20　填充墙八字交叉斜裂缝

（4）填充墙垂直向交叉裂缝

当填充墙高宽比较大，在 1.5~2.0 时，对于高窄填充墙，由于破坏角度较大，填充墙无法沿对角线方向产生沿灰缝的阶梯形裂缝，但其破坏路径仍沿墙体对角线发展，但此时填充墙的破坏不再取决于灰缝砂浆强度，而是部分由黏土砖或砌块强度控制，填充墙拐角处局部斜向裂缝，墙体中部出现垂直裂缝，并导致局部压坏，如图 1-21 所示。

图 1-21　填充墙垂直向交叉裂缝

（5）填充墙角部破坏

填充墙框架结构在反复地震作用下，上半部分墙体首先沿框架梁柱界面开裂，随着沿对角线方向拉压力反复作用增加，当填充墙体较弱时，框架柱将会把角斜线上端的局部墙体压坏，填充墙拐角处达到极限承载能力。一般情况下，框架柱上端对填充墙施加的斜向的压力较大，位移大于下端，震害调查表明填充墙上部拐角处损伤和破坏重于下部墙体，如图 1-22 所示。

图 1-22　填充墙角部破坏

（6）填充墙块材脱落，破坏严重

填充墙框架在强烈的地震作用下，填充墙的裂缝不断延伸开展，并导致块材压碎。随着地震作用的继续，块材开始脱落，填充墙破坏非常严重，如图 1-23 所示。

图 1-23　填充墙破坏严重

（7）填充墙平面外倒塌

当填充墙与框架之间未设拉结筋或拉结筋失效时，连接性能较差，填充墙容易出现倒塌，如图 1-24 所示。在我国《建筑抗震设计规范》中，要求框架柱之间的填充墙设置拉结钢筋，并且对于过高或过宽的填充墙中间要设置水平系梁或构造柱，以保证填充墙的安全性与可靠性。汶川地震震害调查中发现，大量填充墙拉结筋长度不足或没有设置拉结钢筋，填充墙倒塌现象比较常见。

图 1-24　填充墙倒塌

《建筑抗震设计规范》对填充墙的抗震措施给了明确的规定，填充墙宜与框架柱脱开或采用柔性连接，并采取设置拉结筋及系梁等措施保证填充墙的稳定。然而，实际工程中，填充墙与框架柱之间通常采用刚性连接，导致填充墙对框架结构的抗震性能产生很大的影响，对于建筑结构平立面不规则的地方容易引起应力集中，导致填充墙出现裂缝甚至倒塌。填充墙通常作为框架结构的第一道抗震设防，会首先被破坏，但如何保证填充墙对框架产生合理的影响及自身裂而不倒是目前有待解决的问题。

1.2.6　结构整体倒塌破坏

汶川地震中，尽管大部分混凝土框架结构整体性能表现良好，但有少数框架结构出现倒塌。其原因主要是这类框架结构跨度普遍较大，结构布置不均匀，层高较高，结构侧向刚度较小，维护墙和隔墙不合理布置，在强烈地震作用下，结构侧向位移过大，造成部分框架柱失稳破坏。当地震作用继续增大，由于冗余度较少，容易形成连续倒塌机制，从而导致结构整体倾覆倒塌，如图 1-25 所示。尤其对于填充墙框架结构，填充墙与框架结构共同工作，尽管属于多道抗震设防结构形式，但当充当第一道抗震设防的填充墙达到极限能力破坏时，结构的整体刚度退化很快，较多的地震作用转移到框架结构部分，对结构大震下的性能非常不利，易导致结构倒塌。由此可见，填充墙对框架的影响不容忽视。

图 1-25　结构整体倒塌破坏

1.3　框架结构抗震概念设计问题

　　汶川大地震中，钢筋混凝土框架结构产生了比较严重的破坏，我们应该清醒地认识到，除了实际地震烈度高于预计的设防烈度、特殊的地震动衰减规律、地震波传播特征及地形反应等原因之外，针对建筑结构本身的特点，对照规范规定和施工中存在的问题，加以客观、科学地分析，对解释和认识震害也是十分必要的。在地震灾区对各类房屋建筑震害的调查发现，在同一地点，有的建筑损坏严重，甚至倒塌，有的较轻；在高烈度区，理论上抗震性能较好的钢筋混凝土结构倒塌了，而抗震性能相对较差的砌体结构却"裂而不倒"；抗震设计要求钢筋混凝土结构的梁铰机制没有出现，而是出现了大量的柱铰。诸如此类现象，值得我们深思。通过汶川地震震害分析表明，普遍认为抗震性能较好的钢筋混凝土框架结构出现上述破坏与若干方面抗震概念设计不合理有直接关系。对汶川地震中框架结构震害进行分析总结，造成框架结构大震下严重破坏的原因中，从抗震概念设计的角度给抗震结构研究人员印象最深的主要有如下几个问题。

　　（1）结构布置方案问题

　　建筑结构合理的布置在抗震设计中是头等重要的问题，简单、对称、具有多道抗震设防的建筑在地震作用下较不容易破坏。目前，在结构设计过程中，结构方案布置是建筑结构设计首要解决的问题，这个过程是一个仁者见仁智者见智的过程，需要大量的实际工程经验和抗震理论知识，根据功能要求，不同的设计者会制定出不同的结构方案，而很多设计人员忽略抗震概念设计，不同的方案抗震性能会有较大差距。譬如，汶川漩口中学教学楼在汶川地震中发生了严重破坏甚至倒塌，其主要原因就是纯框架结构只有一道防线，在大震时，一旦这道防线突破，结构就丧失了全部的承载力，而给人们带来沉痛的教训。然而，处于同一场地的其他砌体结构尽管破坏严重但并未倒塌，其中很重要的原因是教学楼建筑结构布置方案存在一定的问题。那么，什么样的结构布置方案抗震性能更好，是一个有待全面细致解决的问题。

（2）"强梁弱柱"问题

国内外大量的研究表明，"强柱弱梁"屈服机制，可使整个框架结构有较大的内力重分布能力，有尽可能多的结构构件参与整体结构抗震，地震能量可分布于所有楼层耗散，耗能能力大，是框架结构抗震设计所期望的屈服机制。"强柱弱梁"式屈服机制属于整体型结构屈服机制，具有较大的抗震鲁棒性，而"弱柱强梁"屈服机制属于局部型结构屈服机制，结构抗震鲁棒性小，极易导致地震能量集中在局部楼层耗散，形成楼层屈服机制，造成局部楼层倒塌。汶川地震中，框架结构普遍出现了梁强于柱的现象，可见规范对于"强柱弱梁"屈服机制实现的保证不够完善。

（3）填充墙影响问题

汶川实际震害统计表明，框架结构填充墙破坏现象非常普遍，填充墙作为钢筋混凝土框架结构的第一道抗震设防，出现此现象实属正常。但是，由于填充墙的影响而导致结构严重破坏的问题是十分重要的。砌体填充墙作为一种非结构构件，以往的设计中往往将填充墙等效为梁上荷载，忽略了填充墙的刚度、约束效应等因素，而本次震害表明填充墙的刚度等因素对主体结构的抗震性能有着不可忽视的影响，特别是在柔性框架结构中。我国《建筑抗震设计规范》对高层建筑结构通过计算自振周期折减系数来考虑填充墙的影响，这是远远不够的。对于多层建筑结构并未做规定，而实际震害表明，多层框架结构地震中的破坏也是非常严重的。同时，《建筑抗震设计规范》规定钢筋混凝土框架结构的填充墙及隔墙宜选用轻质墙体，抗震设计时，砌体填充墙的布置应避免形成上、下层刚度变化过大，避免形成短柱，且减少因抗侧刚度偏心而造成的结构扭转。规范只是做了定性的规定，但并未给出详细的定量判断准则，可实施性较差。另外，填充墙容易造成框架结构产生脆性剪切破坏，对于大震下结构的抗震也是非常不利的。总之，填充墙与框架结构之间存在复杂的相互作用，填充墙对框架结构的抗震性能会产生不容忽视的影响，该问题有待更深入的研究。

1.4　小结

钢筋混凝土框架结构作为我国建筑结构的主要形式之一，在我国已经广泛采用。本章对汶川地震中钢筋混凝土框架结构整体破坏特点和构件破坏特点做出了简要的总结，对发生相应破坏的原因做出了解释，破坏的主要形式包括"强梁弱柱"破坏、薄弱层破坏、短柱破坏、结构整体倒塌破坏及填充墙破坏等。通过框架结构的典型震害分析，从抗震概念设计角度，归纳出了导致汶川地震中框架结构严重震害的几个问题，包括结构布置方案、"强梁弱柱"及填充墙 3 个方面。上述 3 个方面的问题并不是孤立的，而是互相关联的。在下面的各章节中，将围绕这 3 个方面的问题开展研究，为实现大震下钢筋混凝土框架结构具有良好抗震性能的目标提供依据。

第 2 章　填充墙对 RC 框架单元破坏模式的影响

　　汶川大地震中，漩口中学教学综合楼震害十分严重，该教学区共有 14 栋建筑，其中，教学楼、办公楼、食堂和部分教工宿舍是框架结构，其余为砖混结构。外廊式钢筋混凝土框架结构教学楼震害普遍较严重，均发生部分或完全倒塌，教学楼 A、B、C、D 严重倒塌，如图 2-1 所示。然而，此次地震中，处于同一场地的办公楼、食堂及教职工宿舍等并未出现严重倒塌，这些建筑设计及建造条件是相同的，但其震害程度却差异显著。

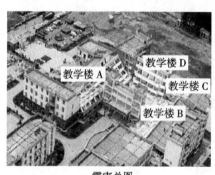 

a 震害总图　　　　　　　　　　　　　　b 整体倒塌

图 2-1　教学楼震害情况

　　《建筑抗震设计规范》规定，建筑设计应符合抗震概念设计要求，建筑及抗侧力结构的平面布置宜规则、对称，但是规范并没有对不对称做出明确的定量判断。另外，在结构设计过程中，设计人员更多地机械地依赖日益傻瓜化的计算机软件，忽略了抗震概念设计，尤其对多层建筑的结构方案是否能满足"大震不倒"的设防要求并不十分关心。通过对同一场地不同结构布置形式的框架结构的震害对比分析可见，导致外廊式框架建筑极震下完全倒塌的根源主要在于平面布置方案的问题，外廊式框架结构形式的抗震性能有待于深入研究。

目前，有许多学者对漩口中学教学楼的倒塌原因进行过分析，其中，尽管有学者认为，漩口中学教学楼倒塌跟填充墙布置有关，但分析时几乎并未考虑填充墙的影响。填充墙对 RC 框架结构的影响十分复杂，而规范通常将填充墙作为非结构单元考虑，忽视其与框架梁柱的相互作用，显然这是不合理的。因此，对于外廊式框架结构抗震性能的分析，填充墙的作用不可忽视。基于典型震害实例，通过试验和有限元分析，系统研究填充墙对外廊式框架结构破坏模式的影响具有重要意义。

2.1　漩口中学教学楼震害

漩口中学教学区楼群由近似为"回"形的框架结构建筑组成，各个部分之间设置抗震缝。整个教学区可细化为 8 个相互独立框架结构，包括 5 个教学楼（A、B、C、D、E）、1 个中央楼梯间 F、1 个二层阶梯教室 G、1 个办公楼 H，均为框架结构，其建筑平面图如图 2-2 所示。结构底层层高 4.05 m，2~5 层层高 3.6 m，总建筑高度 22.05 m；抗震设防烈度为 7 度，设计地震分组第一组，设计基本地震加速度峰值 0.10 g；框架抗震等级为三级，抗震设防类别为丙类；场地类别为 II 类。梁、板、柱的混凝土强度等级均为 C30，梁柱受力钢筋采用 HRB335 级钢筋，现浇板为 HPB235，箍筋为 HPB235；填充墙体采用 MU10 空心砌块，M5 砂浆砌筑；基础形式为独立柱基，基础深度为 3 m。

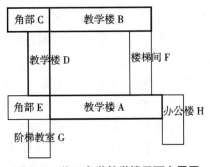

图 2-2　漩口中学教学楼平面布置图

根据现场调查结果来看，漩口中学教学楼发生倒塌的部分有：教学楼 A、B、C、D，其他部分产生严重破坏，总体震害情况如图 2-3 所示。教学楼 A、B、D 均向回字形外侧倒塌。教学楼 A 底部 5 层和教学楼 B 底部 4 层完全倒塌，顶层破坏严重。教学楼 D 底部 2 层完全倒塌，上部 3 层严重倾斜。角部教学楼 C 完全倒塌，角部教学楼 E 未倒塌。楼梯间 F 和教师办公楼 H 未倒塌，但损坏严重。以下对倒塌的框架结构的震害进行分析。

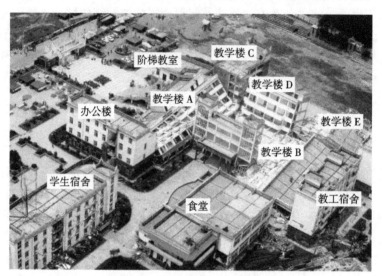

图 2-3　教学楼总体震害情况

（1）教学楼 A、E 震害情况

教学楼 A 为 5 层框架结构，局部 6 层，南面为学校大门，西侧为阶梯教室，角部教学楼 E 与教学楼 A 在功能上为一体的教室，震前如图 2-4 所示。教学楼 A 属于设置外廊柱的框架结构形式，教室面南，走廊面北，1~5 层柱上下端产生塑性铰后折断，东南侧角柱首先破坏，导致结构整体向南偏东倒塌，如图 2-5 和图 2-6 所示。教学楼 A 西侧因阶梯教室和楼梯大平台的支撑，防止了西侧教学楼结构连续性地完全倒塌，而东侧的 5 层全部倒塌，同时与教学楼 A 相连的东侧办公楼也牵连受损。由图 2-7 可见，结构廊柱在地震过程中并未发生倒塌，柱头位置发生折断现象。由图 2-8 和图 2-9 可见，中间柱在柱头位置出现混凝土压碎破坏并有钢筋拉断现象产生，在梁端未出现塑性铰，混凝土裂缝较少，并且裂缝尺寸不大，结构出现典型的"强梁弱柱"式破坏。通过实际震害分析表明，教学楼 A 由于教室跨度远大于走廊跨度，底层向走廊一侧倾倒破坏，上部楼层向教室一侧倾倒破坏，框架柱破坏明显比框架梁破坏严重，底层柱顶破坏比柱底破坏严重。

图 2-4　教学楼 A 地震前情况

图 2-5　教学楼 A 南面震害情况

图 2-6　教学楼 A 北面震害情况

图 2-7　教学楼 A 廊柱震害情况

图 2-8　教学楼 A 中间柱顶破坏情况

图 2-9　教学楼 A 中间柱震害情况

（2）教学楼 B、C 震害情况

教学楼 B 为 5 层框架结构，走廊面南，教室面北，角部教学楼 C 与教学楼 B 在功能上是一体的教室。底层向南偏东倒塌，如图 2-10a 所示，2~4 层向北坍塌，顶层残留破坏严重，如图 2-10b 所示。教学楼 B 与教学楼 A 结构形式相同，均为外廊式框架结构，两跨跨差较大，其破坏形式与教学楼 A 也相类似，均为一层向廊柱侧倒塌即倒向南侧，整体结构倒向教室侧即北侧。

a 底层倒塌情况　　　　　　　　　　b 标准层倒塌情况

图 2-10　教学楼 B 震害情况

（3）教学楼 D 震害情况

教学楼 D 为 5 层框架结构，走廊面东，楼梯间和卫生间面西，1 层、2 层框架柱上下端产生塑性铰后折断并倒塌，底层框架柱向东折断，2 层框架柱向西折断，如图 2-11 所示。

图 2-11　教学楼 D 震害情况

通过震害情况对比分析表明：

①漩口中学位于本次地震的震中附近，遭遇烈度远超过设防烈度，同为框架结构的教学楼 A（倒塌）及办公楼 H（未倒塌）震害程度差异显著。因此，通过现有规范合理设计，某些结构能够具有抵御超出罕遇地震的抗震能力，并且达到这种抗震能力在经济上是完全可接受的。因此，深入分析上述结构没有发生倒塌破坏甚至保持基本完好的原因，提出可实质性改善该类结构体系抗震性能的解决方案，对有效降低特大地震条件下结构倒塌造成的人员伤亡和财产损失具有重要的现实指导意义。

②根据倒塌的教学楼与未倒塌的办公楼结构对比可见：办公楼开间小，横向跨数较多，填充墙布置多且相对均匀，结构抗倒塌有多道防线；而倒塌的教学楼普遍为外廊式，教室跨度过大且荷载大，冗余度小，并且由于填充墙的布置导致结构两侧质量及刚度不对称极易导致薄弱部位的出现。因此，

对于多发地震地区及对抗震性能有较高要求的建筑结构应该合理进行建筑结构方案设计，包括填充墙的不同结构布置情况的建筑抗震性能值得深入研究。

③从震害现场可以明显看出，框架柱震害明显比框架梁严重，不符合一般框架结构抗震的"强柱弱梁"原则，易导致框架结构的倒塌，这一现象在汶川地震中普遍存在。而未发生倒塌的框架结构，在梁端均出现裂缝，由于梁的开裂变形保护了竖向构件不发生倒塌。另外，底层普遍柱顶的破坏程度比柱脚破坏严重，很多底层多处发现柱顶破坏比柱脚严重，此现象也与抗震设计要求不符。

通过上述分析表明，漩口中学教学楼具有很大的研究价值，本章将以倒塌的教学楼为原型，展开填充墙框架结构的试验研究。

2.2　试验概况

2.2.1　试验模型设计

本试验以倒塌的漩口中学教学楼为原型，选取一榀有代表性的横向不等跨 RC 框架结构单元，考虑楼板和填充墙的作用，根据相似原理，设计制作 4 个 1/2 缩尺可进行对比的填充墙 RC 框架结构试验模型，模型参数如表 2-1 所示。模型填充墙材料选取两种工程应用比较普遍的砌体材料，加气砌块和黏土砖。填充墙的布置包括 3 种情况，即两跨满布、大跨满布和两跨半高布，分别与纯框架结构模型对比，分析填充墙对框架结构的柱铰破坏及结构抗震性能的影响。

表 2-1　模型参数

模型编号	填充墙布置	块材类型	块材砂浆强度	墙厚/mm	块材规格/mm
S1	纯框架	—	—	—	—
S2	两跨满布	实心黏土砖	MU10；M5	120	240×115×53
S3	大跨满布	加气砌块	A3.5；B06	120	600×120×240
S4	两跨半高布	加气砌块	A3.5；B06	120	600×120×240

4 个 RC 框架结构试验模型的几何尺寸及配筋完全相同，框架梁 AB 和 BC 的截面尺寸分别为 125 mm×200 mm 和 125 mm×350 mm，框架柱 A 的截面尺寸为 175 mm×175 mm，框架柱 B 和 C 的截面尺寸均为 200 mm×

200 mm，楼板厚 60 mm，楼板作为翼缘的宽度按 6 倍板厚计算，取 1300 mm，详细尺寸及配筋如图 2-12 所示。

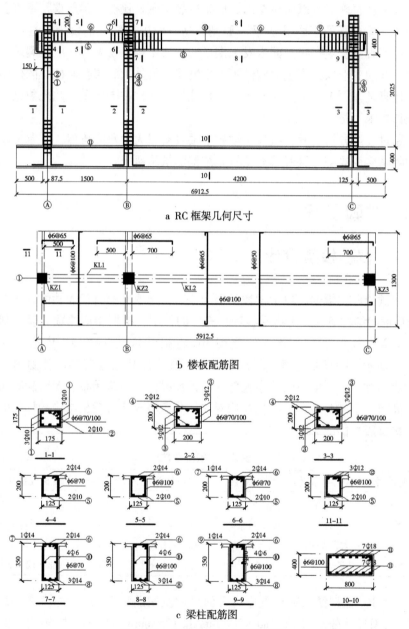

a RC 框架几何尺寸

b 楼板配筋图

c 梁柱配筋图

图 2-12　模型几何尺寸及配筋图

填充墙砌筑块材选用实心黏土砖和加气砌块两种，相应的砌筑砂浆分别为混合砂浆和砌块专用砂浆。填充墙与主体框架梁柱的连接方式包括柔性连接和刚性连接两种方式，尽管规范建议采用柔性连接，但通过实际工程调查分析，最常见的砌筑方法是填充墙与框架梁间实心砖斜砌顶紧或砂浆填实，填充墙与框架柱之间一般用砂浆挤紧，不留空隙，拉结筋拉结，此种施工方法属于刚性连接。在本试验模型中，填充墙采用上述普遍的方法砌筑，填充墙与框架紧密接触，二者间的拉结筋满足抗震规范的规定。

2.2.2　试验模型制作

模型均在实验室现场浇筑制作，经历了梁板柱钢筋的绑扎、支模、混凝土的浇筑及填充墙的砌筑等过程，试验模型的制作过程如图 2-13 所示。

a 地梁制作

b 钢筋绑扎

c 支模板

d 混凝土浇筑

e 填充墙砌筑　　　　　　　　　f 模型制作完毕

图 2-13　试验模型制作

2.2.3　试验模型材性试验

①钢筋力学性能试验。模型的框架梁柱的受力钢筋采用 HRB335 级，箍筋、楼板筋及其他构造筋采用 HPB235 级，钢筋材性试验依据《金属材料室温拉伸试验方法》（GB/T 228—2002）进行，如图 2-14a 所示，试验所测得的钢筋力学性能如表 2-2 所示。

②混凝土力学性能试验。试验模型主体混凝土分地梁、框架柱及梁板 3 次浇筑，采用 C30 商品混凝土，每次浇筑制作了 3 组 150 mm×150 mm×150 mm 混凝土立方体试块，与试件同条件养护 28 天后进行抗压试验，混凝土试块试验依据《普通混凝土力学性能试验方法标准》（GB/T 50081—2002）进行，如图 2-14c 所示，框架柱、梁及楼板的混凝土力学性能如表 2-3 所示。

③砌筑砂浆力学性能试验。实心黏土砖砌筑砂浆采用现场人工拌制的混合砂浆，加气混凝土砌块采用专用砌筑砂浆，与水按照 1∶0.2 比例配制，每种砂浆现场制作了 6 组 70.7 mm×70.7 mm×70.7 mm 试块，与试件同条件养护 28 天后进行抗压试验，依据《建筑砂浆基本性能试验方法标准》（JGJ/T 70—2009）进行试验，如图 2-14d 所示，砌筑砂浆的力学性能如表 2-4 所示。

④砌体力学性能试验。填充墙砌筑的过程中，按照《砌体基本力学性能试验方法标准》（GBJ 129—1990）制作了一组（3 个）不同块材的砌体抗压试件，并进行抗压强度试验，如图 2-14e 及图 2-14f 所示，所测得的砌

体试块力学性能如表 2-4 所示，所有试块如图 2-14b 所示。

a 钢筋性能试验

b 试块

c 混凝土试块性能试验

d 砂浆试块性能试验

e 黏土砖砌体性能试验

f 加气块砌体性能试验

图 2-14　材料力学性能试验

表 2-2　钢筋实测力学性能

钢筋直径/mm	f_{sy}/MPa	f_{su}/MPa	E_s/MPa
6	492.0	547.5	2.19×10^5
10	436.7	546.7	2.07×10^5
12	450.0	651.7	1.97×10^5
14	456.7	690.0	1.89×10^5

表 2-3 混凝土实测力学性能

混凝土	f_{cu}/MPa	f_c/MPa	E_c/MPa
柱	31.8	21.3	3.09×10^4
梁板	26.6	17.8	2.91×10^4

表 2-4 砌体材料实测力学性能

砌筑块材	f_{cu}/MPa	E_c/MPa	砌筑砂浆	f_c/MPa
实心黏土砖	6.9	4968	混合	5.6
加气砌块	2.6	2723	专用	5.0

2.2.4 试验加载装置和加载方案

本试验在中国地震局工程力学研究所燕郊伪动力实验室完成，实验室设有大型反力墙和静力台座，模型地梁通过锚栓固定在试验台座上，为了避免试验过程中试验模型平面外失稳，两侧分别设置一根槽钢作为侧向支撑。试验采用两台竖向液压千斤顶对柱顶施加竖向荷载，水平荷载由 MTS 液压伺服加载系统施加于梁端。试验过程中，为了使框架结构试验模型位置不受竖向荷载的约束，并使竖向荷载作用位置保持不变，在柱顶施加竖向荷载的液压千斤顶与上面的反力架钢梁之间设置了能水平滑动的滚动导轨。另外，为保证水平荷载正常传递，在框架结构两侧沿框架梁分别设置两根槽钢作为刚性拉杆，槽钢与水平加载端的抱梁焊接牢固。试验加载装置示意如图 2-15a 所示，试验加载装置实物如图 2-15b 所示。

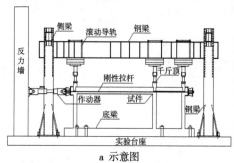

a 示意图　　　　　　　　　　　b 实物图

图 2-15 试验加载装置

试验加载方案包括竖向加载和水平加载。

①竖向荷载分别由 3 台液压千斤顶于框架柱顶面施加，千斤顶加载截面中心对准柱顶截面形心位置，试验前先进行预加载，判断竖向荷载是否为轴心受力状态，并检查各试验仪器是否正常工作，然后施加预定轴向荷载并使其在整个试验过程中保持恒定，直至试验模型破坏为止，竖向荷载数值如表 2-5 所示。

表 2-5　竖向加载方案

柱编号	A 轴（边柱）	B 轴（中柱）	C 轴（边柱）
柱顶荷载/kN	250	380	380
轴压比	0.56	0.78	0.78

②水平拉、压反复荷载由肖恩液压静态作动器于框架梁端面施加，为更好地控制水平加载，并研究模型在关键位移角下的抗震性能，采用 shore-western 控制系统进行位移控制的低周往复加载方式，水平加载方案如图 2-16 所示，各位移幅值循环 3 次，直至试验模型水平承载能力下降到最大承载力的 80% 以上，且已不再能承受荷载时，试验终止。

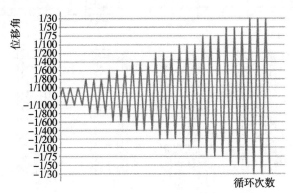

图 2-16　试验水平加载方案

2.2.5　试验测点布置和量测内容

（1）应变片的布置

框架结构纵向受力钢筋应变采用 BX120-5AA 电阻应变片（栅长 5 mm×栅宽 3 mm）量测，数据采用东华静态数据采集系统（采样频率 1 Hz）。应变片主要布置在梁两端及柱两端可能产生塑性铰的区域，用来监测此区域受力筋的应变变化情况。另外，对于 S1 和 S4 试验模型，为了分析填充墙对 RC

框架结构的影响，在 1/2 柱高处同时布置纵筋应变片，框架结构试验模型的应变片布置如图 2-17 所示，框架梁柱钢筋应变片布置详图如图 2-18 所示。

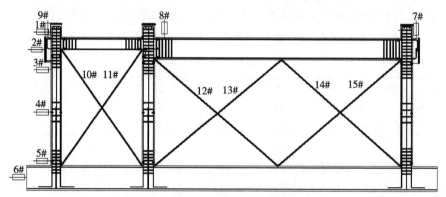

图 2-17　模型钢筋应变片及位移计平面布置

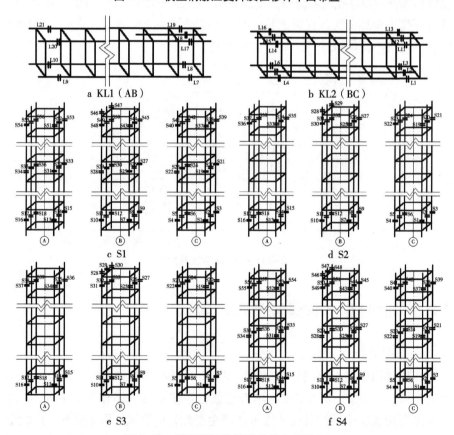

图 2-18　模型梁柱钢筋应变片布置详图

（2）位移计的布置

试验过程中关键位置的变形通过顶杆位移计进行量测，如图 2-17 所示，水平位移计布置于柱顶、1/2 柱高、柱底及地梁，分别量测柱的水平位移和地梁发生的水平滑移，竖向位移计布置于各柱顶用于量测柱顶的竖向变形，斜向交叉位移计布置于每跨框架柱对角点，用于量测框架结构的变形及转角。

（3）量测内容

本次试验进行测量记录的主要内容如下。

①框架结构的裂缝开展及破坏现象。

②框架结构的水平反复荷载。

③框架梁、柱端纵向受力筋的应变。

④框架结构关键位置的水平、竖向及斜向交叉位移。

⑤试验模型地梁的水平位移。

2.3 试验现象及分析

2.3.1 试验过程及破坏现象

（1）S1 纯框架

试验模型 S1 为未布置填充墙纯框架结构模型，层间位移角在 1/600（Δ=3.6 mm）以前，模型没有明显裂缝产生，当位移角为 1/600 时，A 柱顶加载端产生了微小竖向裂缝，此过程荷载与位移之间呈线性变化，结构处于弹性工作阶段。当位移角为 1/400（Δ=5.4 mm）时，C 柱顶及 B 柱顶产生了水平弯曲裂缝，如图 2-19a 所示，此时 B 柱顶有一根钢筋最先出现屈服。当位移角为 1/200（Δ=10.9 mm）时，C 柱顶钢筋开始屈服，BC 跨梁有明显裂缝产生，试验模型表现出明显的塑性性能。随着荷载的不断增大，柱端裂缝不断增加，框架柱两端钢筋依次出现屈服。当位移角为 1/100（Δ=21.8 mm）时，B 柱顶及 C 柱顶钢筋全部屈服，B 柱底及 C 柱底绝大多数钢筋出现屈服，BC 跨梁 C 端钢筋开始屈服，框架梁开裂不明显，如图 2-19b 所示，此图为模型整体破坏时梁端开裂情况，显然梁明显强于柱。当位移角为 1/50（Δ=43.5 mm）时，B 柱顶及 C 柱顶混凝土开裂严重并脱落，模型达到了极限承载力。当位移角为 1/30（Δ=72.5 mm）时，混凝土保护层压酥，局部严重剥落，钢筋裸露，如图 2-20 所示。模型承载力下降至极限承载力的 71%，刚度退化严重，模型宣告破坏，试验终止，该纯框架结构模型整体破坏情况如图 2-21 所示。

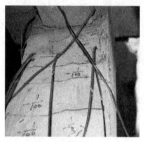 

a B柱顶   b BC 跨梁

图 2-19　模型 S1 局部开裂情况

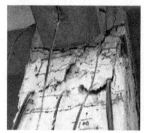  

a B柱顶   b B柱底   c C柱底

图 2-20　模型 S1 局部破坏情况

图 2-21　模型 S1 整体破坏情况

（2）S2 两跨满布黏土砖填充墙框架

试验模型 S2 为两跨满布实心黏土砖填充墙框架结构模型，当位移角为

1/1000（Δ＝2.1 mm）时，填充墙与框架梁柱间产生水平及竖向界面通缝，填充墙顶部由于与框架梁的相互挤压产生竖向微裂缝，随着荷载的增大，填充墙裂缝不断增多，加载初始阶段，RC 框架部分没有明显变化，荷载主要由填充墙来承担。当位移角为 1/600（Δ＝3.5 mm）时，框架梁 BC 由于填充墙的挤压在 B 端产生若干竖向裂缝，BC 跨填充墙底角距离 C 柱 1/4 处产生明显的沿 45°向上的斜裂缝，如图 2-22a 所示。当位移角为 1/400（Δ＝5.2 mm）时，BC 跨填充墙靠 B 柱产生与原裂缝对称的斜裂缝，同时框架梁 BC 端部钢筋开始屈服，如图 2-22b 所示。当位移角为 1/200（Δ＝10.5 mm）时，斜向裂缝延伸至柱顶部，开裂严重且前后通透，同时伴有相互平行的新的斜向裂缝产生，填充墙与框架柱界面通缝接近 1 cm，填充墙基本退出工作。该位移幅值情况下，B 柱及 C 柱顶部产生若干剪切斜裂缝，该斜裂缝与填充墙中斜裂缝几乎在同一条斜线上，柱底部产生若干水平弯曲裂缝，C 柱及 B 柱顶部分钢筋开始屈服。当位移角为 1/100（Δ＝20.9 mm）时，AB 跨填充墙出现沿对角的斜裂缝，如图 2-22c 所示，BC 跨填充墙距离 C 端 1/3 处，即拉结筋布置分界处产生一条宽约 2 cm 的竖向贯通裂缝，此时 BC 跨填充墙顶角黏土砖被压碎脱落，破坏严重。该位移幅值循环 2 次后，框架梁柱端钢筋全部屈服，C 柱及 B 柱顶部斜裂缝开展严重，混凝土严重剥落，钢筋变形严重并裸露，尤其 C 柱顶部出现严重的剪切破坏，如图 2-23 所示，模型承载力突然下降至极限承载力的 54%，安全考虑加载停止，试验结束，两跨满布黏土砖填充墙框架结构的整体破坏情况如图 2-24 所示。

（3）S3 大跨满布加气砌块填充墙框架

试验模型 S3 为大跨满布加气砌块填充墙框架结构模型，当位移角为 1/1000（Δ＝2.1 mm）时，由于加气砌块强度较低，填充墙产生了较多裂缝，

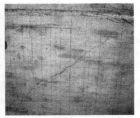

a BC 墙底角斜裂缝　　　　b BC 梁裂缝及墙受压裂缝　　　　c AB 墙对角斜裂缝

图 2-22　模型 S2 局部开裂情况

a C柱顶破坏　　　　　b B柱顶破坏　　　　　c C柱底破坏

图 2-23　模型 S2 局部破坏情况

图 2-24　模型 S2 整体破坏情况

裂缝开展情况与 S2 相似，包括墙—框架界面微通缝、填充墙上部竖向受压微裂缝及 BC 跨填充墙底角对称 45°微斜裂缝。随着荷载的增加，原有裂缝不断延伸开展，并伴有若干新裂缝产生，BC 跨填充墙裂缝分布如图 2-25a 所示，开裂明显比黏土砖填充墙严重。当位移角为 1/600（$\Delta = 3.6$ mm）时，BC 跨梁在 B 端产生一条微裂缝，如图 2-25b 所示。当位移角为 1/400（$\Delta = 5.2$ mm）时，填充墙斜裂缝开展明显，墙表面抹灰脱落，此时填充墙无明显新裂缝产生。当位移角达到 1/200（$\Delta = 10.5$ mm）时，填充墙斜裂缝开裂严重，填充墙表面抹灰脱落，砌块露出，此时荷载主要由框架部分来承担。该位移幅值情况下，框架柱 C 及 B 顶部产生若干剪切斜向裂缝，如图 2-25c 所示，柱顶部分钢筋屈服，混凝土轻微压酥。当位移角为 1/100（$\Delta = 20.9$ mm）时，墙—框界面竖向通缝及填充墙斜裂缝宽达 1 cm，填充墙从顶角开始出现砌块压碎，此时，B 柱顶混凝土剪切破坏严重，柱端钢筋基本屈服，梁端部分钢筋屈服。当位移角为 1/75（$\Delta = 27.9$ mm）时，加气砌块压碎并脱落，如图 2-26a 所示，填充墙破坏十分严重，B 柱顶沿斜裂缝产生较大错动，最大错位约 15 cm，整个柱子向短跨方向倾斜，钢筋裸露并严重变形，如图 2-26b 所示，破坏十分严重。同时，B 柱顶部楼板产生较多裂缝，并产生下移，整个模型在中柱 B 附近接近垮塌，安全起见，试验终止，大跨满布加气砌块填充墙框架结构的整体破坏情况如图 2-27 所示。

a BC 墙裂缝分布

b BC 跨梁

c B 柱顶

图 2-25　模型 S3 局部开裂情况

a 填充墙顶角砌块压碎

b B 柱顶破坏

图 2-26　模型 S3 局部破坏情况

图 2-27　模型 S3 整体破坏情况

（4）S4 两跨半高布加气砌块填充墙框架

试验模型 S4 为两跨半高布加气砌块填充墙框架结构模型，当位移角为 1/1000（Δ=2.2 mm）时，模型无裂缝产生，结构没有明显变化。当位移角为 1/800（Δ=2.7 mm）时，填充墙与框架柱界面间产生了竖向微通缝，反向加载时裂缝闭合。当位移角为 1/400（Δ=5.4 mm）时，填充墙底角产生对称 45°斜裂缝，随着荷载的增加，原有裂缝不断延伸开展，A 柱顶及 C 柱顶有微裂缝产生。当位移角为 1/200 时，填充墙斜裂缝不断延伸开展，AB 跨填充墙的裂缝分布情况如图 2-28a 所示，B 柱顶框架节点位置产生明显的斜裂缝及水平裂缝，如图 2-28d 所示，与纯框架结构的开裂情况明显不同，该位移幅值情况下，B 柱顶钢筋开始出现屈服。当位移角达到 1/100（Δ=10.5 mm）时，C 柱顶加载端出现斜裂缝，A 柱顶产生水平弯曲裂缝，此时填充墙开裂严重，表面抹灰脱落，AB 跨填充墙开裂及破坏情况如图 2-29a 所示。当位移角达到 1/75（Δ=29 mm）时，B 柱及 C 柱顶斜裂缝明显延伸开展，并出现新的斜裂缝，BC 跨梁靠边柱端有两条竖向裂缝产生，如图 2-28b 所示。框架柱底由于填充墙约束作用产生多条水平裂缝，如图 2-28c 所示。此时，填充墙没有明显的新裂缝产生，原有裂缝开裂严重，砌块压碎脱落，荷载主要由框架来承担。随着荷载的增加，框架柱两端产生若干新的裂缝，当位移角为 1/50 时，随着荷载的增加，柱两端钢筋基本全部屈服，B 柱顶破坏严重，错位 100 mm，钢筋裸露，如图 2-29b 所示，部分被剪断，上部楼板产生竖向变形，安全考虑，试验结束，两跨半高布加气砌块填充墙框架结构模型整体破坏情况如图 2-30 所示。

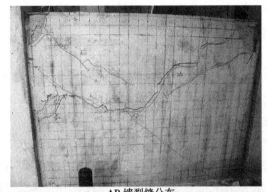

a AB 墙裂缝分布

b BC 跨梁　　　　　c B柱底　　　　　d B柱顶

图 2-28　模型 S4 局部开裂情况

a 填充墙压碎　　　　　　　　　　b B柱顶

图 2-29　模型 S4 局部破坏情况

图 2-30　模型 S4 整体破坏情况

2.3.2　试验现象分析

①试验模型的框架梁明显强于框架柱，柱端破坏均比梁端破坏严重，出现柱铰破坏机制，此破坏机制与汶川地震中漩口中学教学楼实际震害相吻合。模型产生该破坏机制的主要原因是柱子截面尺寸偏小，轴压比较大，并且忽视了楼板对框架梁抗弯承载力的贡献及填充墙对框架结构的作用。

②试验模型为两不等跨 RC 框架结构，大跨两侧框架柱 B 及 C 的破坏明显比柱 A 破坏严重，由于填充墙的影响，柱顶比柱底钢筋先屈服，柱顶破坏明显比柱底破坏严重，与实际震害吻合。

③4 个试验模型的关键点层间位移角如表 2-6 所示，填充墙明显延缓了柱的开裂和屈服，梁的屈服普遍滞后于柱屈服，但填充墙框架结构模型的破坏明显先于纯框架的破坏。对于填充墙框架结构，随着荷载的增加，填充墙对框架柱的斜撑作用及约束效应越来越大，导致柱顶的剪切开裂严重，填充墙框架结构最终基本都是由于柱顶的剪切破坏而失效。由此可见，填充墙易导致框架柱出现剪切破坏，填充墙的不合理布置不利于实现"强柱弱梁""强剪弱弯"的抗震设计原则。

④《建筑抗震设计规范》规定，钢筋混凝土框架结构的弹塑性层间位移角限制为 1/50，由表 2-6 可见，本试验得到的纯框架结构模型 S1 的极限位移角为 1/30，满足规范规定的范围，抗倒塌能力较好。两跨满布黏土砖墙框架结构模型 S2 的极限位移角为 1/100，与规范对框架—抗震墙的位移角限制的规定相同，安全系数非常低，抗倒塌能力较差，框架结构需采取设置构造柱或连梁等构造措施加强。

⑤黏土砖与加气砌块相比，对 RC 框架结构的影响大，约束效应更明显，对柱底的约束大于柱顶的约束，导致填充墙框架结构的柱顶比柱底先屈服且剪切破坏严重。由于加气砌块对框架柱的约束效应小于黏土砖，试验模型 S4 柱底由于填充墙的约束效应产生了若干水平裂缝，产生短柱效应，但自由段柱并未发生明显的剪切破坏，填充墙与框架柱接触位置的纵筋并未屈服，试验模型并未发生短柱破坏。

⑥填充墙的开裂体现了填充墙斜压杆效应，以及填充墙与框架梁之间的挤压效应。填充墙的斜裂缝主要分布于填充墙四角，推拉时分别在填充墙受拉角部产生沿 45° 方向的斜裂缝。同时，在框架梁与填充墙之间产生了相互

挤压作用，在填充墙中上部产生了许多竖向裂缝。黏土砖比加气砌块挤压作用大，模型 S2 由于黏土砖墙的挤压使框架梁中产生了大量裂缝，故框架梁两端钢筋比柱端钢筋早屈服，但框架梁由于受到填充墙的支撑作用，最终框架柱比框架梁破坏严重。

表 2-6　关键点层间位移角

模型	交界初裂	墙体初裂	砖压碎破坏	柱筋初屈服	梁筋初屈服	极限强度	极限变形
S1	—	—	—	1/400	1/100	1/50	1/30
S2	1/1000	1/800	1/100	1/200	1/400	1/200	1/100
S3	1/1000	1/1000	1/100	1/200	1/100	1/100	1/75
S4	1/800	1/400	1/75	1/200	1/100	1/100	1/50

2.4　试验结果分析

2.4.1　滞回曲线

结构的滞回曲线是指结构在循环往复荷载作用下，荷载与位移之间的关系曲线，它能够全面反映结构的承载力、刚度、延性的变化规律及耗能能力等多项抗震性能指标，4 个框架结构试验模型的 P-Δ 滞回曲线如图 2-31 所示。

纯框架结构模型 S1 的荷载-位移曲线如图 2-31a 所示，滞回曲线比较饱满，呈弓形，"捏拢"现象不明显，耗能能力较强，延性好。当荷载小于最大荷载的 30% 时，即位移角不超过 1/600（Δ = 3.6 mm）时，模型产生的裂缝较少且不明显，滞回曲线包围的面积很小，荷载和位移之间基本呈线性关系，在荷载循环往复作用过程中，刚度退化不明显，残余变形和结构耗能都很小，结构处于弹性工作阶段。随着位移幅值的逐级增大，裂缝明显增加并不断延伸，弹塑性变形不断增大，滞回曲线斜率减小，刚度退化越来越明显，产生明显的残余变形，滞回环所包围的面积增大，耗能能力变强，模型进入非线性工作阶段。当模型位移角达到 1/50（Δ = 43.5 mm）时，裂缝明显变宽，混凝土开裂严重，柱端钢筋屈服，结构达到极限承载力，加载曲线

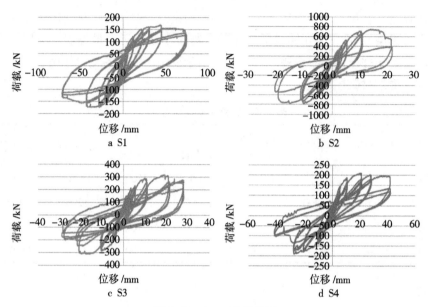

图 2-31 P-Δ 滞回曲线

上出现反弯点，产生"捏拢"现象。当试验模型位移角达到 1/30（Δ=72.5 mm）时，模型承载力下降至极限承载力的 71%，刚度退化较大，破坏严重，模型产生了明显的"强梁弱柱"式破坏形式，滞回曲线下降段平缓，延性很好。

两跨满布实心黏土砖框架结构模型 S2 的荷载-位移曲线如图 2-31b 所示，滞回曲线不饱满，呈反 S 形，"捏拢"现象严重，模型破坏突然，延性很差，初始刚度比纯框架提高很大。当荷载比较小，位移角不超过 1/800（Δ=2.7 mm）时，随着荷载的增大，填充墙产生较多明显的斜裂缝，荷载主要由填充墙承担，框架无明显裂缝产生，滞回曲线包围的面积较小，荷载和位移之间基本呈线性关系，刚度退化不明显，残余变形和结构耗能都很小，结构处于弹性工作阶段。随着位移幅值的逐级增大，框架梁柱裂缝明显增多并不断延伸开展，钢筋出现屈服，填充墙破坏严重基本退出工作，结构出现了刚度退化和残余变形，"捏拢"现象明显，滞回环的形状由"弓形"向"倒 S 形"转变，出现较大的剪切破坏，模型进入非线性工作阶段。当位移角达到 1/100（Δ=20.9 mm）时，柱顶混凝土破坏严重，结构达到极限承载力，该级加载至第二次循环时模型承载力突然最低下降至极限承载力的54%，刚度退化明显，柱顶产生了明显的剪切式破坏形式，滞回曲线下降段陡，延性很差。

大跨满布加气砌块填充墙框架结构模型 S3 的荷载-位移曲线如图 2-31c 所示，滞回曲线比较饱满，接近弓形，具有一定的"捏拢"效应，延性较好，初始刚度比纯框架有所提高。当荷载比较小，位移角不超过 1/600 （Δ=3.6 mm）时，与模型 S2 相似，荷载主要由填充墙承担，填充墙斜裂缝不断增多开展，框架无明显裂缝产生，荷载和位移之间基本呈线性关系，刚度退化不明显，耗能能力较小，结构处于弹性工作阶段。当位移角达到 1/200 （Δ=10.5 mm）时填充墙破坏严重，荷载主要由框架来承担，框架梁柱裂缝明显增多开展，弹塑性变形不断增大，滞回曲线斜率减小，出现了刚度退化和残余变形，"捏拢"现象明显，滞回环面积明显增大，耗能能力增大，模型进入非线性工作阶段。当位移角达到 1/100 （Δ=20.9 mm）时，柱顶混凝土剪切破坏严重，钢筋基本都屈服，结构达到极限承载力。当加载至位移角为 1/75 （Δ=27.9 mm）时，刚度退化明显，模型承载力最低下降至极限承载力的 66%，模型柱顶产生了剪切破坏形式，滞回曲线下降段比较平缓，延性较好。

两跨半高布加气砌块填充墙框架结构模型 S4 的荷载-位移曲线如图 2-31d 所示，滞回环明显不如纯框架饱满，接近弓形，具有一定的"捏拢"效应，延性较好，初始刚度比纯框架有所提高。当荷载比较小，位移角不超过 1/600 （Δ=3.6 mm）时，填充墙产生较多明显裂缝，荷载和位移之间基本呈线性关系，结构处于弹性工作阶段。当位移角达到 1/600 （Δ=3.6 mm）时，框架梁柱出现微裂缝，随着位移幅值的逐级增加，填充墙的裂缝不断延伸开展，框架中的裂缝不断增多延伸，刚度退化及"捏拢"现象越来越明显，模型进入非线性阶段。当位移角达到 1/75 （Δ=27.9 mm）时，填充墙破坏严重，柱顶混凝土出现剪切破坏，钢筋基本全部屈服，结构达到极限承载力。当加载至位移角为 1/50 （Δ=41.8 mm）时，刚度退化明显，模型承载力最低下降至极限承载力的 67%，柱顶剪切破坏严重，滞回曲线下降段比较平缓，延性较好。

通过对 4 个试验模型滞回曲线的对比可见，填充墙的存在提高了纯框架的强度和刚度，加气砌块对纯框架的影响明显小于黏土砖；从滞回曲线的形状来看，纯框架 S1 的滞回环最饱满，延性最好，黏土砖填充墙框架模型 S2 滞回环"捏拢"效应最显著，下降段最陡，延性最差，填充墙对框架结构的抗震性能产生了不利的影响。

2.4.2 骨架曲线

骨架曲线是将低周反复加载作用下，各级加载第一次循环的荷载-位移曲线的峰值点相连得到的包络线。骨架曲线反映了结构或构件不同阶段的受力与变形的特性，是研究结构非弹性地震反应的重要指标。根据 4 个试验模型的滞回曲线，取峰值点绘得模型的骨架曲线，如图 2-32 所示，从骨架曲线可得出如下结论。

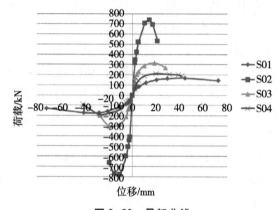

图 2-32　骨架曲线

①在低周反复荷载作用下，骨架曲线经历了 4 个主要特征点：开裂点、屈服点、最大承载力点及极限位移点，模型经历了从弹性到弹塑性最后到极限破坏的过程。加载初期，骨架曲线为一直线，荷载与位移间呈线性关系；随着荷载的增加，裂缝不断延伸开展，框架梁柱钢筋开始屈服，骨架曲线逐渐产生非线性变化，荷载的增长开始滞后于变形的增长，填充墙框架结构的刚度开始降低；随着框架梁柱屈服，骨架曲线达到了屈服点，荷载不再增加或增加很小而位移增加较快，模型刚度明显下降；随着荷载的增加，填充墙严重破坏，框架梁柱端混凝土破碎，模型达到最大承载力，骨架曲线达到峰值点；随着位移幅值的继续增大，结构承载力及刚度显著下降，破坏严重，接近倒塌，模型达到极限位移。

②由表 2-7 可见，填充墙的存在提高了 RC 框架结构的水平极限承载力，黏土砖填充墙对水平极限承载力的提高比加气砌块填充墙大，两跨满布黏土砖框架结构模型的承载力是纯框架结构的 4.41 倍，大跨满布和两跨半

高布加气砌块填充墙框架结构模型的承载力分别是纯框架结构的 1.87 倍和 1.25 倍，通过 4 个骨架曲线的对比可见，在各个位移角幅值情况下，带填充墙的框架结构的水平极限承载力均高于纯框架结构，满布填充墙框架结构比半高布填充墙框架结构承载力高。

③由表 2-7 可见，填充墙的存在提高了框架结构的初始刚度，S2、S3 及 S4 3 个模型的正向初始刚度分别为纯框架的 7.04 倍、2.32 倍及 1.06 倍，黏土砖使框架结构的刚度提高得最多。另外，填充墙的不同布置对刚度的提高也有很大的影响，某跨满砌填充墙要比半高砌填充墙刚度提高得显著。

④通过骨架曲线比较可见，填充墙降低了框架结构的延性。填充墙框架结构模型比纯框架结构模型下降段陡，黏土砖填充墙比加气砌块填充墙使框架结构的刚度及强度退化快，延性差。由表 2-7 可见，纯框架的延性系数较大，延性很好；黏土砖墙框架模型 S2 的延性系数最小，延性最差；加气砌块墙框架模型的延性系数比纯框架略低，延性较好，4 个试件的延性性能顺序为：S2<S3<S4<S1。

表 2-7 骨架曲线性能

模型	初始刚度/（kN/mm）	Δ_y/mm	F_y/kN	Δ_{max}/mm	F_{max}/kN	Δ_u/mm	F_u/kN	$\mu_{0.85}=\Delta_u/\Delta_y$
S1	24.90	13.54	126.65	44.34	168.93	72.56	143.32	5.34
S2	175.23	7.59	609.82	10.32	742.95	18.85	631.51	2.48
S3	57.67	7.46	251.89	18.87	315.84	27.84	268.46	3.73
S4	26.44	9.34	158.80	20.09	210.77	41.77	179.15	4.47

注：F_y、F_{max}、F_u 分别为屈服荷载、水平最大荷载及水平极限位移荷载；Δ_y、Δ_{max}、Δ_u 分别为相应水平位移。

2.4.3 刚度及强度退化

结构在循环往复加载的过程中，荷载-位移曲线的斜率和承载力随循环次数的增加而降低，试验模型产生了明显的刚度及强度退化现象。根据《建筑抗震试验方法规程》（JGJ 101—1996）中所述方法，模型的刚度取割线刚度，即采用刚度为水平荷载 F 与框架柱顶端位移 Δ 的比值进行刚度退化规律分析；试件的强度退化系数应采用同一级加载各次循环所得荷载降低系数进行比较，即采用前后不同循环峰值点荷载值的比值。在各位移幅值下，各试验模型的刚度退化曲线如图 2-33 所示，强度退化系数如图 2-34 所示，通过刚度及强度退化分析得出如下结论。

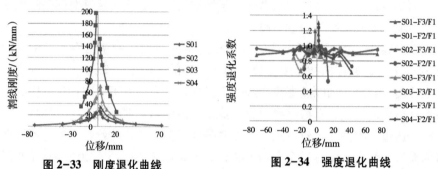

图 2-33　刚度退化曲线　　　　　图 2-34　强度退化曲线

①所有试验模型在反复加载过程中都产生了明显的刚度退化现象，初期刚度退化较快，后期由于填充墙破坏严重基本退出工作，侧移刚度主要由框架部分来承担，故后期刚度衰减速度变慢。填充墙框架结构的初期刚度退化速率比纯框架快，尤其黏土砖填充墙框架结构模型 S2 初期刚度最大，刚度退化的也最快；半高布砌块填充墙框架结构模型 S4 的刚度提高得最少，退化速度与纯框架相差不多，比较缓慢。

②4 个试验模型 3 次循环加载产生了明显的强度退化现象，加载的初期结构处于弹性阶段，强度退化系数比较大，强度退化不是很明显，尤其对于模型 S1 及 S4，加载初期强度无退化现象。随着各级位移幅值的增加，F3/F1 与 F2/F1 相差越来越大，说明强度退化的程度越来越大。另外，强度退化随着加载次数的增多，强度退化程度越来越小。

③4 个试验模型的强度及刚度退化程度大小顺序为：S2>S3>S4>S1，与试验现象、滞回及骨架曲线分析结果相一致，两跨满布黏土砖墙框架结构模型 S2 抗震性能最差，两跨半高布加气砌块墙框架结构模型 S4 受力性能与纯框架 S1 最接近。总之，填充墙降低了填充墙框架结构的退化性能，轻质填充墙对框架结构的影响明显小于黏土砖。

2.4.4　耗能能力

结构的耗能能力是评价 RC 框架结构抗震性能的重要指标之一，结构在低周往复荷载作用下，加载时吸收能量，卸载时释放能量，两者之差即为框架结构在一次循环中的耗能量，每次循环形成的滞回环所包围的面积即为该次循环的耗能值，耗能值越大耗能能力越强，4 个试验模型在各级位移幅值下的耗能值如图 2-35 所示。

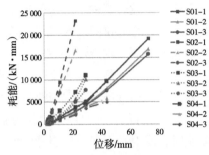

图 2-35　耗能-位移曲线

由 4 个模型的耗能-位移曲线可见：首先，模型 S2 和 S3 的耗能大于模型 S1，模型 S2 和 S3 的累积耗能分别是纯框架结构模型的 3~4 倍及 1.5~3.0 倍，由此可见，满布填充墙可以明显提高框架结构的耗能；其次，模型 S4 的耗能值小于 S1 的耗能值，故布置半高填充墙由于短柱效应会使框架结构的耗能降低，不利于抗震；最后，同级位移的 3 次循环中，通过对比表明，框架结构在反复荷载作用下损伤积累，后 2 次循环的耗能小于第一次循环的耗能。

2.5　填充墙框架结构的破坏模式

大量研究表明，砌体填充墙的存在对框架结构的强度及刚度有很大的影响，并引起框架结构破坏模式的改变，影响填充墙框架结构破坏模式的因素主要有：填充墙的材料、宽高比、框架及填充墙的刚度比等，从而导致填充墙及框架结构破坏模式的显著差异。

为了进一步评估填充墙对外廊式框架结构的抗震性能的影响，下面将基于填充墙框架结构伪静力试验，采用 DIANA 非线性有限元分析程序，建立砌体填充墙 RC 框架单元微观模型，分析填充墙与框架结构的相互作用机制。

2.5.1　填充墙的破坏类型

填充墙的破坏与砂浆的连接、块材的开裂压碎及砂浆与块材的组合作用有关，不同的破坏模式由砌体的材料属性及应力状态决定，通过对大量填充墙框架结构的试验结果进行总结，填充墙的破坏模式主要包括 3 种。

（1）受剪开裂

填充墙由剪应力的影响而导致开裂的情况是最常见的，其主要由砂浆的抗剪强度（黏结、摩擦）、块材的抗拉强度及不同方向应力的比值来控制，会导致填充墙沿块材及砂浆的开裂。填充墙的砂浆界面比块材强度弱时，通常沿砂浆节点出现裂缝导致填充墙破坏，如图 2-36 所示；沿砂浆出现水平裂缝导致填充墙剪切滑移破坏，该种破坏模式与块材尺寸、墙体尺寸及墙—框界面的作用有关，如图 2-37 所示；如果砂浆比块材强度高，当墙体中部应力超过块材的抗拉强度时，沿对角斜向产生裂缝，如图 2-38 所示。

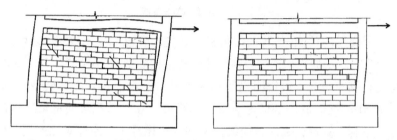

图 2-36　沿砂浆节点受剪裂缝　　　图 2-37　沿砂浆水平剪切滑移裂缝

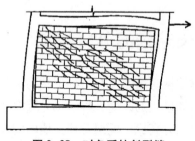

图 2-38　对角受拉斜裂缝

（2）受压开裂

填充墙受压力作用下，会产生复杂的应力状态，在填充墙加载角部及对角斜向会产生破坏。在填充墙加载角部，由于该区域压应力比较大，导致了角部压碎破坏机制，此种破坏模式通常伴随其他破坏模式产生，如图 2-39 所示。另外，由于填充墙的斜撑效应，当填充墙对角产生受拉斜裂缝时，会伴随产生斜向受压破坏。

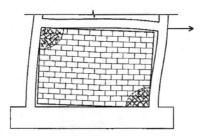

图 2-39　角部受压开裂

（3）弯曲开裂

当框架部分比较薄弱，填充墙的高宽比较大时，填充墙的弯曲起控制作用，墙—框连接紧密，在填充墙底部受拉侧将产生弯曲裂缝，此种破坏情况很少出现，因为在弯曲裂缝尚未出现前，通常填充墙与框架结构已经分离或者填充墙中已产生了斜向裂缝。

2.5.2　周边 RC 框架的破坏类型

周边框架由于填充墙的作用，其破坏模式与纯框架结构相比产生了较大变化，其与框架结构各个构件的属性及填充墙的属性有关，结构可能会产生弯曲破坏、剪切破坏或受压破坏等，可以概括为如下 4 种破坏类型。

（1）弯曲破坏

填充墙出现破坏以前，周边框架的受力性能类似一斜撑框架，填充墙与框架作为整体共同受力。随着填充墙的开裂破坏，框架柱两端由于弯矩较大，产生了塑性铰；当填充墙出现剪切滑移裂缝时，在框架柱的中部同样产生弯曲塑性铰。随着塑性铰的不断产生，最终导致结构的弯曲破坏。

（2）受拉破坏

框架结构在轴向荷载作用下，由于钢筋混凝土结构抗压性能较好，不宜发生受压破坏，但当长宽比较大时，尤其在多层结构中框架柱中钢筋容易受拉屈服产生破坏。另外，对于框架柱端部受拉区，由于钢筋的锚固不足会引起框架结构的剪切滑移破坏。

（3）剪切破坏

框架柱与填充墙之间的相互作用极易导致框架柱的剪切破坏。最大的剪应力出现在墙—框接触区域，即荷载作用角部。框架柱的抗剪强度受箍筋的配筋量的影响较大，同时与框架柱的轴向荷载有关，轴向压力可以提高框架柱的抗剪强度。

（4）梁柱节点破坏

在墙—框接触长度区域的加载角部，处于高应力区，剪力及弯矩均比较大，在梁柱节点位置极易形成宽斜裂缝，造成结构的局部破坏。梁柱节点的破坏不利于荷载的传递，对填充墙框架结构的受力性能产生不利的影响，因此，框架结构要基于"强节点"的抗震设计原则进行设计。

2.5.3　填充墙框架结构的破坏模式

20 世纪 70 年代以来，大量研究工作者曾对填充墙 RC 框架结构进行了试验研究，通过对试验结果的归纳，Mehrabi 和 Shing 全面总结了填充墙框架结构的破坏模式，如图 2-40 所示。

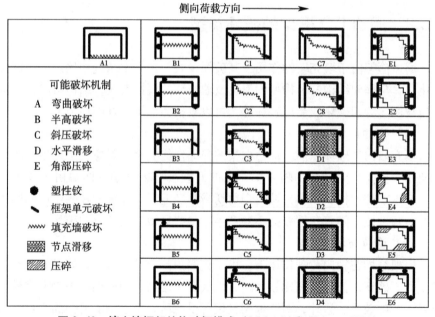

图 2-40　填充墙框架结构破坏模式（Mehrabi 和 Shing，1994）

（1）A 类模式

此类模式填充墙产生弯曲裂缝，通常发生在填充墙高宽比较大，抗弯钢筋配置较少的情况。在受力过程中，填充墙与框架作为整体受弯单元共同抵抗变形，填充墙与框架之间并未分离，底部先出现水平滑移裂缝，导致结构破坏。

（2）B 类模式

此类模式填充墙首先在中部产生了水平裂缝，造成框架柱的有效高度降低，剪跨比减小，导致塑性铰通常在框架柱中部出现。此种开裂模式极易引起柱的剪切脆性破坏，导致短柱效应，在实际工程中此种破坏模式不容忽视。

（3）C 类模式

此类模式填充墙斜撑效应明显，沿受压对角首先出现斜向裂缝，当填充墙高宽比较小时会在框架中部产生水平裂缝与斜裂缝连接贯通。此种开裂模式极易引起填充墙四角压碎或脱落及框架梁柱端部的剪切破坏，此类破坏模式不容忽视。

（4）D 类模式

此类模式填充墙砌筑块材节点出现滑移，产生了大量水平裂缝，通常发生在填充墙砌筑块材强度高，而填充墙砂浆的强度相对较弱的情况。此种开裂模式如果避免框架柱剪切破坏的产生，结构具有较好的延性性能。

（5）E 类模式

此类模式与 C 类相似，产生了明显的斜压杆效应，在对角出现两条典型的平行的 45°斜裂缝，导致框架梁柱端钢筋产生屈服。此种开裂模式通常会导致填充墙角部压碎，有时也会导致填充墙中部的压碎。

上述 5 类破坏模式中，有 5 种情况是最可能发生的，如图 2-41 所示。此 5 种失效机制均属于柱先屈服出现塑性铰的情况，"强梁弱柱"框架结构中很显然会发生此现象。由此可见，填充墙的布置不利于实现"强柱弱梁"破坏机制。

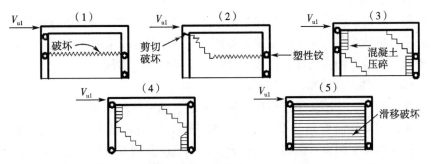

图 2-41　填充墙框架结构主要破坏模式（Mehrabi 和 Shing，1994）

2.6 典型双跨填充墙框架结构破坏机制

2.6.1 破坏过程

通过填充墙框架结构伪静力试验结果，1 个纯框架结构模型及 3 个填充墙框架结构模型的试验结果对比分析表明，填充墙框架结构大致经历了如下几个过程：墙体开裂、框架开裂、钢筋开始屈服、墙体压坏、梁柱端塑性铰破坏。当荷载比较小时，由于填充墙初始刚度大，荷载主要由填充墙承担，墙—框界面裂缝首先产生，然后，随着荷载的增大，填充墙对角斜裂缝不断出现，框架结构主体仍处于弹性工作阶段。当位移角一般超过 1/400 时，框架梁柱开始出现裂缝，随着填充墙斜裂缝不断延伸开展，刚度和水平承载力下降，主体框架逐步成为水平荷载的承担主体，钢筋开始屈服，部分块材压碎掉落严重破坏。随着荷载的增加，框架柱顶由于填充墙的作用剪切开裂严重，混凝土大面积剥落，钢筋屈服产生足够数量的塑性铰，承载力不断下降，残余变形增加，最终导致结构破坏。此类填充墙框架结构属于"强框架，弱填充墙"类型，填充墙比主体框架先坏，填充墙可以作为第一道防线。

根据上述填充墙框架结构试验模型的破坏过程分析，在水平地震荷载作用下，可将砌体填充墙与框架协同工作的过程分为如下几个阶段。

（1）弹性工作阶段

在此阶段，填充墙及框架梁柱没有明显裂缝产生，均处于弹性工作阶段，仅在填充墙与框架梁柱的交接面处出现细微界面裂缝。

（2）弹塑性工作阶段

在此阶段，随着水平荷载作用的增大，填充墙产生了沿对角方向的斜裂缝，同时填充墙对框架柱产生了斜撑作用，框架梁柱没有明显裂缝产生，填充墙为主要的抗侧力构件，框架主体仍处于弹性工作阶段。

（3）塑性工作阶段

在此阶段中，框架梁柱出现了明显裂缝，随着荷载的增大，填充墙斜裂缝贯通，四角或沿对角开裂严重，块材压碎，填充墙基本退出工作。框架梁、柱端部开裂明显，钢筋开始屈服，结构强度及刚度明显退化，结构主要抗侧向力的构件由填充墙变为框架主体。

（4）破坏阶段

在此阶段，填充墙破坏非常严重，框架梁柱端部钢筋屈服产生若干塑性铰，结构不再能承受荷载的作用，结构整体产生明显的塑性破坏。

2.6.2　破坏模式分析

伪静力试验中 4 个试验模型的框架结构部分尺寸、配筋及材料完全相同，均为双不等跨的框架结构单元，长跨与短跨的宽高比分别为 2.4、0.7。填充墙与框架梁柱之间存在复杂的相互作用，对于不等双跨填充墙框架结构形式，由于中柱的存在及两侧不对称的原因，其受力性能比单跨填充墙框架结构复杂得多，试验模型 S1、S2、S3 及 S4 的主要裂缝及破坏模式示意如图 2-42 所示，填充墙引起了约束效应及斜撑作用，S2 及 S3 试验模型框架柱剪切破坏现象显著。

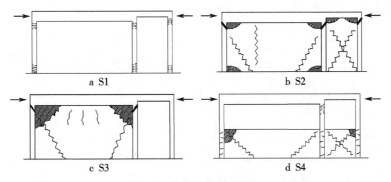

a S1　　　　　　　　　　b S2

c S3　　　　　　　　　　d S4

图 2-42　破坏模式示意图

从填充墙裂缝开展情况看，3 个填充墙框架试验模型中的填充墙均产生 45°斜裂缝，产生了斜压杆效应。如图 2-43 所示，受拉角部墙—框分离后，受压角部填充墙与框架间接触长度范围内，受压对角区域为填充墙斜向受压区，类似一斜压杆的作用。对于试件 S2，两跨均满布砌体填充墙，尽管两跨都产生了明显的斜撑作用，但填充墙的开裂情况有所不同，BC 跨跨度较大，高宽比较小，斜向受压区域宽度大，沿该区域向柱顶的 45°方向开裂；AB 跨跨度小，高宽比接近 1，沿受压区域对角开裂。尽管两跨开裂由于跨差大的原因有所区别，但基本均主要产生 45°斜裂缝。另外，填充墙与框架梁之间产生了相互挤压作用，使填充墙上部产生若干竖向微裂缝，并且四角出现块材压碎的现象。试件 S3 中，BC 跨满布加气砌块填充墙的开裂情况与 S2 相似，产生了 45°斜裂缝及四角压碎现象，由于加气砌块的强度不如模型 S2 中黏土砖大，最终加气砌块填充墙破坏比黏土砖填充墙的破坏严重。试件 S4，两跨半高布加气砌块填充墙，产生了通向柱中部的 45°斜裂缝，同样也产生了斜压杆效应，并在填充墙顶部产生了砌体压碎现象。

填充墙对框架柱产生了约束效应，框架柱的下部约束大于上部，下部水平侧移相对上部侧移减小，导致框架柱的内力重新分配，造成框架柱顶剪切破坏；当填充墙对框架柱的约束较大时，降低了框架柱的计算高度，容易导致框架短柱破坏。填充墙受压角部的应力分布如图 2-44 所示，框架柱顶由于填充墙的斜压杆作用产生了附加剪应力，框架柱顶在压应力及剪应力的共同作用下，产生了剪切斜裂缝，斜裂缝的方向与填充墙斜裂缝基本在同一条斜线上，从而导致框架柱在接触节点处剪切破坏。总之，填充墙对框架结构产生了复杂的影响，改变了框架结构的破坏模式，不利于框架结构实现"强柱弱梁"破坏机制。

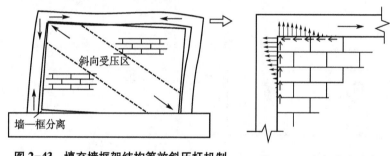

图 2-43　填充墙框架结构等效斜压杆机制　　图 2-44　角部应力分布

通过上述分析可见，填充墙对框架结构产生了明显的约束效应和斜撑作用，改变了框架结构的破坏模式，下面依据 4 个试验模型的破坏模式示意图并结合 4 个模型的破坏过程对双不等跨填充墙框架结构破坏模式进行分析。

（1）S1 纯框架

从模型 S1 的破坏过程及破坏模式可见，在没有填充墙作用时，该框架结构出现了弯曲破坏机制。框架柱端钢筋明显比梁端钢筋先屈服，B 柱钢筋比 C 柱钢筋先屈服，柱顶钢筋比柱底钢筋先屈服，此破坏机制与汶川地震中漩口中学教学楼实际震害相吻合，产生了典型的"强梁弱柱"式破坏机制，其中，楼板增强了框架梁的抗弯承载力，同样影响了其破坏模式。此外，该外廊式框架结构单元长跨为教室，短跨为走廊，教室跨度及荷载较大，而框架柱的截面尺寸设计偏小，柱 B 及柱 C 的轴压比较大；中柱 B 受到两边框架梁的影响其侧移刚度较大，分配的水平剪力较大，所以中柱 B 的破坏比边柱 C 严重，边柱 C 的破坏比边柱 A 严重。另外，基于外廊式框架结构平面布置的特点，BC 跨度远大于 AB 跨度，所以当水平荷载沿 CA 方向作用时，荷载从 CB 跨向 BA 跨不容易实现完全传递。此外，由于 BC 跨竖向荷载较大，柱 B 和柱 C 的破坏较严重，故在该情况下极易导致框架底层向走廊方向倾斜，2 层以上向教室侧垮塌。通过上述纯框架模型的破坏模式分析，与漩口中学教学楼的震害相似。

（2）S2 两跨满布黏土砖填充墙框架

从模型 S2 的破坏过程及破坏模式可见，填充墙与框架梁柱之间存在复杂的相互作用，尤其对于跨差较大的框架结构。首先，填充墙对框架柱产生了较大的约束效应及斜压杆作用，填充墙跨度越大，刚度也越大，对框架柱的影响越大。因此，中柱 B 受到两侧填充墙的作用，两侧作用相反，故其破坏程度小于边柱 C；中柱 B 由于受 BC 跨墙影响较大，其斜裂缝的方向与 BC 跨填充墙斜裂缝方向一致；同理，边柱 C 由于仅受到单侧刚度较大的 BC 跨墙的作用，其剪切破坏最严重。其次，填充墙对框架柱的斜撑作用明显，但是本试验模型 BC 跨度较大，填充墙的斜裂缝并不是沿对角方向，而 AB 跨度较小，填充墙的斜裂缝沿对角方向，故填充墙的等效斜撑作用与填充墙的跨度有关。另外，填充墙与框架梁之间产生了相互挤压作用，使填充墙上部产生若干竖向微裂缝，从而导致了框架梁先于框架柱开裂并屈服，但由于填充墙对框架梁的支撑作用，最终结构仍然由于框架柱的破坏而宣告整体结构破坏。

（3）S3 大跨满布加气砌块填充墙框架

从试验模型 S3 的破坏过程及破坏模式可见，模型 S3 失效模式与 S2 相似，填充墙同样对框架柱产生了明显的约束效应及斜压杆作用，也属于"强框架，弱填充墙"类型。通过 S3 与 S2 的破坏情况对比可见，加气砌块填充墙对框架结构的作用比实心黏土砖填充墙对框架结构的作用要小，若模型 S2 中两跨满布黏土砖墙改为加气砌块墙，则模型 S2 的框架 C 柱及 B 柱的破坏程度会比 S3 明显降低，S2 的抗震性能会有很大改善。模型 S3 为仅大跨布置填充墙框架结构，由于教室跨度过大，布置填充墙后该跨刚度提高较大，中柱两侧严重不对称，填充墙对中柱产生了明显的约束效应及刚度效应，导致中柱顶剪切破坏严重并倾斜，中柱为最薄弱处。大跨满布填充墙框架结构产生了典型的"强梁弱柱"式剪切破坏，再现了漩口中学教学楼布墙的中间榀框架的破坏情况。由此可见，对于外廊式框架结构，倒塌始于中间榀框架中柱，大跨框架柱向短跨一侧倾斜，与漩口中学底层实际倒塌现象很接近。

（4）S4 两跨半高布加气砌块填充墙框架

从模型 S4 的破坏过程及破坏模式可见，由于砌体填充墙采用加气砌块，加气砌块的刚度小于黏土砖的刚度，对框架柱的约束较小，且沿半高墙对框架柱的界面约束效应相差不大。尽管加气砌块属于轻质砌块，但沿柱底 1/2 高度范围，由于约束作用所有框架柱均出现若干水平弯曲裂缝，产生了短柱效应。由于加气砌块对框架柱的约束效应小，框架柱上部非约束段并未产生贯通的剪切裂缝。因此，半高布加气砌块填充墙并未导致框架结构产生明显的短柱破坏，柱顶的破坏现象及受力性能与纯框架结构接近，最终结构由于中柱顶的破坏严重，而宣告破坏，但其变形能力及耗能能力不如纯框架好，纯框架结构中柱顶为弯曲破坏，而半高布墙的框架结构中柱顶出现了水平裂缝及斜裂缝，属于弯剪破坏形式。

综上，满布填充墙框架结构的破坏形式属于图 2-40 中的 C 类及 E 类两种破坏模式的结合，半高布填充墙框架结构的破坏形式属于 B 类破坏模式，填充墙对框架柱产生了明显的约束效应及斜撑作用，45°斜裂缝起控制作用，填充墙四角块材压碎甚至脱落。另外，由于填充墙的作用，导致框架柱顶剪切破坏严重，进一步加剧了柱弱于梁的破坏现象，从而大大降低了框架结构的延性和抵抗变形的能力。通过伪静力试验中 4 个模型的破坏模式的分析可见，填充墙是引起汶川地震中漩口中学典型双不等跨框架结构大震下倒塌的重要原因。

通过破坏模式分析可见，填充墙的布置对两不等跨填充墙框架结构的抗震性能非常不利，容易导致柱铰破坏机制，降低了框架结构的变形能力。两跨满布黏土砖填充墙框架结构模型 S2 位移角极限值为 1/100，而规范对框架结构及底部框架—抗震墙结构的弹塑性层间位移角限值的规定分别是 1/50 及 1/100，由此可见，尽管实心黏土砖填充墙大大提高框架结构的强度和刚度，但是降低了结构的变形性能，不适于应用到为满足功能要求的隔墙中，若采用轻质砌块填充墙，抗震性能会有所提高。大跨满布加气砌块填充墙框架结构模型 S3 位移角限值为 1/75，两跨半高布填充墙框架模型 S4 位移角限值为 1/50，抗震变形性能比黏土砖明显改善，但与《建筑抗震设计规范》（GB 50011—2001）5.5.5 条文说明中不开洞填充墙框架结构的极限侧移角平均值为 1/30 相差较大。由此可见，由于两不等跨框架结构的自身结构布置特点，填充墙对 RC 框架结构破坏模式产生非常不利的影响，降低了框架结构的抗倒塌能力，规范对于框架结构的弹塑性层间位移角的规定安全储备明显偏低。另外，为了提高填充墙框架结构的抗倒塌能力，尽量选择跨差小、跨数多且尽量对称的框架结构形式，填充墙宜采用轻质砌筑材料。

2.7　小结

本章基于汶川漩口中学教学楼典型的框架结构为原型，制作了 4 榀 1/2 缩尺的考虑楼板及填充墙作用的单层双不等跨 RC 框架结构单元模型，通过模型的抗震性能伪静力试验研究，得到如下结论。

①试验模型由于框架柱轴压比较大，填充墙的不合理布置及忽视楼板对框架梁的增强作用，均表现出明显的"强梁弱柱"式破坏机制，与漩口中学教学楼震害吻合。因此，抗震设计过程中，现浇楼板及填充墙对框架梁柱的影响不容忽视。

②砌体填充墙与 RC 框架之间存在复杂的相互作用，砌筑块材强度越高，对框架结构影响越大。一方面，填充墙对框架结构产生了有利的影响，有效地提高框架结构的强度、刚度和耗能能力；另一方面，填充墙也对框架结构带来了不利的影响，降低了框架结构的强度退化、刚度退化性能及延性，不利于结构抗震。同时，填充墙对框架柱产生了约束效应，填充墙对柱底的约束大于柱顶的约束，导致填充墙框架结构的柱顶比柱底先屈服，且剪切破坏严重。

③填允墙的开裂体现了填允墙斜撑作用，填允墙的斜裂缝主要分布于填充墙四角，填充墙斜裂缝的开展与填充墙的跨度有关，基本沿墙 45°方向开展。另外，填充墙的斜撑作用使框架柱顶产生附加剪应力，改变框架结构的破坏模式，易使框架结构由弯曲破坏形式变为剪切破坏形式。因此，在结构设计及分析过程中，填充墙的作用不容忽视。

④黏土砖填充墙对框架结构的影响明显大于加气砌块填充墙。布置黏土砖填充墙尽管使框架结构的强度、刚度及耗能能力提高显著，却大大降低了

纯框架的强度退化、刚度退化性能及延性，而加气砌块填充墙框架结构模型的抗震性能明显优于黏土砖填充墙框架结构模型。加气砌块填充墙对框架结构的约束效应较小，布置半高加气砌块填充墙对框架柱尽管产生了短柱效应，产生了若干水平裂缝，但并未引起明显的短柱破坏。由上述分析可见，填充墙砌筑材料的强度越低，对框架结构的影响越小，对框架结构的刚度效应和约束效应越不明显，不易引起 RC 框架结构关联失效破坏，因此，应优先选择轻质填充墙砌筑材料。

⑤通过试验结果与规范规定的位移角限值的对比可见，对于横向两不等跨框架结构，由于填充墙的作用明显降低其变形能力，不利于强烈地震作用下结构抗倒塌。通过本书伪静力试验结果可见，规范对框架结构普遍应用的实现"大震不倒"的弹塑性层间位移角的规定安全储备偏低。

第3章　填充墙框架结构的计算模型

3.1　引言

填充墙框架结构广泛应用于建筑结构中，填充墙通常被作为非结构单元考虑，在结构设计过程中填充墙对框架的影响通常被忽视。历次震害表明，填充墙对 RC 框架结构的强度、刚度及破坏机制都会产生明显的影响，尤其在汶川大地震中，由于设计过程中未合理地考虑填充墙的影响，在地震中，填充墙引起建筑结构破坏严重，甚至倒塌，经济损失及人员伤亡惨重。

填充墙与框架之间存在复杂的相互作用，在设计过程中，采用忽视填充墙的计算模型进行设计，很难准确评估结构的抗震性能。近几年，大量学者开始对填充墙 RC 框架结构展开了广泛的研究，但并没有对框架填充墙的计算模型进行系统总结及评价。本书将基于国内及国外的填充墙 RC 框架平面内性能研究现状，对填充墙框架的计算模型进行总结并探讨。

填充墙是一种各向异性的非匀质的复合材料，并且填充墙与框架之间存在复杂的相互作用，在框架结构设计过程中，由于缺少合理而有效的计算模型，结构工程师通常忽视填充墙的作用，从而导致计算结果的不准确，引起结构在地震作用下产生"短柱破坏""薄弱层破坏""扭转破坏"等。对于分析填充墙对框架结构影响的计算模型，不仅包括填充墙的计算模型，并且包括填充墙与框架之间连接界面的处理，计算模型比较复杂。

3.2　填充墙的分析方法

填充墙是一种各向异性的非匀质的复合材料，并且填充墙与框架之间存在复杂的相互作用，在框架结构设计过程中，由于缺少合理而有效的计算模型，结构工程师通常忽视填充墙的作用，从而导致计算结果的不准确，引起结构在地震作用下产生"强梁弱柱"、短柱破坏及薄弱层破坏等。因此，为了评估填充墙框架结构的抗震性能，建立合理而详细的填充墙框架结构的非线性分析模型是十分重要的，但是具有一定的挑战性，其主要原因如下。

①计算的复杂性：填充墙框架结构分析模型的建立不仅包括周边框架的计算模型及砌体填充墙的计算模型，并且包括填充墙与框架之间连接界面的处理，砌体填充墙的计算及墙—框界面的相互作用计算无疑增加了结构计算的复杂性。因此，填充墙与框架相结合的受力行为是很复杂的问题。

②结构破坏的不确定性：填充墙与框架之间存在复杂的相互作用，可能导致若干类型破坏机制，如填充墙的开裂、填充墙的压碎、框架柱的剪切破坏等。通过试验结果可见，多种材料的受力性能、设计方案、施工技术及几何尺寸等都会影响结构的抗震性能，因此，填充墙的破坏失效模式很难确定。

③材料的强非线性：材料的非线性是很难准确定义的，引起了问题分析的复杂性，填充墙框架结构的非线性涉及三方面的问题，包括砌体填充墙的开裂、压碎及刚度和强度的退化等，周边框架混凝土的开裂、钢筋的屈服、局部的黏结滑移等，墙—框界面黏结摩擦的退化、接触长度的变化等。

目前，关于填充墙的分析方法主要包括两类：宏观模型及微观模型。宏观模型是一种简化的分析方法，能很好地为结构的整体性能提供基本信息，对局部破坏情况分析效果不理想，但计算效率高，适于结构的整体性能分析。微观模型是一种详细的分析方法，块材及砂浆分别考虑建模，能得到墙—框的相互作用关系及结构的破坏机制。

3.2.1 斜压杆模型

1956 年，Polyakov 基于桁架理论最早提出了斜压杆模型，如图 3-1 所示，认为在平面内荷载作用下填充墙对框架的作用相当于一斜向压杆。然后，大量学者开始对该模型进行了深入而系统的试验及理论研究，提出了单杆及多杆等多种斜压杆模型及压杆的计算宽度公式，如图 3-2 所示，验证了该计算模型对于整体结构的非线性性能分析是可行的，效率较高。但是，该简化模型只能模拟填充墙对 RC 框架整体结构的性能影响，不能评价填充墙的破坏机制，并且经验性较强。

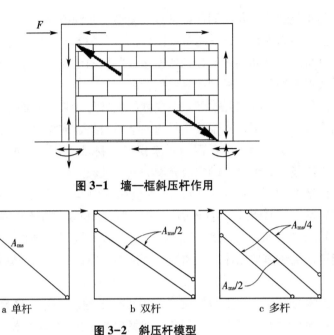

F

图 3-1　墙—框斜压杆作用

A_{ms}
$A_{ms}/2$
$A_{ms}/4$
$A_{ms}/2$
a 单杆
b 双杆
c 多杆

图 3-2　斜压杆模型

3.2.2　有限元模型

大量分析表明，有限元方法是进行填充墙框架结构抗震性能分析的最强大的工具。Mallick 和 Severn 最早采用有限元分析方法对填充墙框架结构进行了分析，然后大量的学者对该方法进行了研究，有 Lotfi、Lourenco、Charles、Crisafulli、Mandan、Mohyeddin、Schmidt、Koutromanos、Mehrabi 和 Shing 等。在模拟砌体材料时，最关键的问题就是砌筑块材及砌筑砂浆的界面的特点，如图 3-3 所示。目前，提出了 3 种不同砌体填充墙的分析模型。

连续
块材
砂浆
界面
砂浆
块材
a 匀质化连续模型
b 简化微观模型
c 详细微观模型

图 3-3　填充墙有限元分析模型

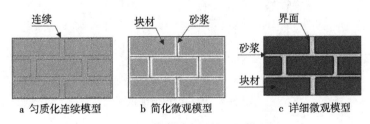

①匀质化连续的各向同性模型。该模型为宏观模型，将填充墙的块材及砂浆的性能均匀连续化，采用各向同性的一种材料进行模拟，如图 3-3a 所示。块材与砂浆之间的界面是砌体连接最薄弱的位置，但不能用此模型的弥散裂缝模拟出来，但该模型计算效率较高。

②简化的微观有限元模型。该模型将块材与砂浆的界面进行了简化，块材采用连续单元模拟，砂浆及块材与砂浆界面集合成零厚度界面单元进行模拟，如图 3-3b 所示，用界面单元来模拟块材及砂浆间的剪切膨胀及硬化等，该方法能较好地模拟砌体填充墙的开裂及破坏。

③详细的微观有限元模型。该模型用 3 种单元来分别模拟砌体填充墙，包括块材、砂浆及二者界面，填充墙的块材及砂浆分别采用连续单元模拟，块材与砂浆间界面采用非连续界面单元模拟，如图 3-3c 所示，此模型能更详细地模拟砌体填充墙的受力性能，但该种方法计算效率很低，收敛困难。

填充墙与框架之间界面的模拟方法有很多种，如完全耦合、LINK 弹簧单元及界面单元等模拟方法。其中，弹簧单元是由 Mallick 和 Severn 首先提出的，弹簧单元将填充墙和框架由若干两个平动自由度的节点相连接，该种方式只能模拟填充墙与框架之间的挤压及黏结力，如图 3-4a 所示。界面单元能更好地模拟二者之间的相互作用，界面单元经历了仅考虑摩擦、考虑拉剪、考虑剪切膨胀及塑性接触等过程，如图 3-4b 所示。目前该单元已能较好地模拟填充墙与框架之间的作用，Mehrabi 和 Shing、Al-Chaar 等采用该方法进行了填充墙框架的模拟，得到了较好的计算结果。与斜压杆模型相比，匀质化连续有限元模型能更好地评价填充墙与框架的相互作用。

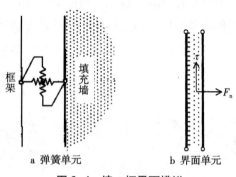

a 弹簧单元　　　　　　b 界面单元

图 3-4　墙—框界面模拟

3.3　连续化模型

有限元分析方法能较好地评估填充墙框架结构受力性能，利用连续模型可以分析混凝土及砌体的非线性行为，包括混凝土开裂、砌筑块材及砂浆界面的开裂等。弥散裂缝连续模型及界面单元连续模型相结合的方法是进行砌体填充墙框架结构性能分析的最理想方法，本章将采用的有限元模型为：弥散裂缝连续模型用于模拟 RC 框架及砌体块材；界面单元模型用于模拟块材节点、块材开裂及砌体与框架之间界面的性能。如图 3-5 所示，可将砌体填充墙离散化为三部分：砂浆界面单元、块材裂缝界面单元及弥散裂缝块材单元。

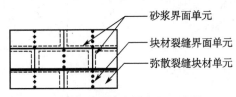

砂浆界面单元

块材裂缝界面单元

弥散裂缝块材单元

图 3-5　砌体填充墙有限元离散

（1）弥散裂缝模型

混凝土是一种非线性的各向异性材料，开裂模型包括弥散裂缝模型和离散裂缝模型，其中，弥散裂缝模型是一种连续化裂缝模型，应用比较广泛。弥散裂缝模型又被称为分布裂缝模型，最早是由 Rashid 提出的，其实质是将混凝土裂缝"弥散"到整个单元中，将混凝土作为各向异性材料考虑，用混凝土的材料本构来模拟裂缝的影响。弥散裂缝模型根据混凝土开裂后裂缝方向与主应力方向的关系，分为固定裂缝模型（Fixed Crack Model）、多向裂缝模型（Multi-Direction Crack Model）和转动裂缝模型（Rotating Crack Model）。

填充墙 RC 框架结构有限元分析中，为了模拟混凝土及砌体的开裂破坏非线性性能，Lotfi 和 Shing 提出采用弥散裂缝连续模型模拟，利用以各向同性的应变硬化及软化为准则的 J_2 塑性模型来模拟材料的性能。该塑性模型中，受拉开裂由受拉退化准则控制，未开裂前材料的受压由 Von-Mises 屈服准则决定。当材料开始屈服后，在初始屈服面与极限开裂面之间，材料经历了应变硬化、应变软化及最终失效的过程。其中，各向同性的应变硬化及软化关系由 $\sigma_e = \sigma_e(\varepsilon_p)$ 来决定，包括 Parabolic 曲线及 Exponential 曲线，如图 3-6a 所示。材料的受拉方面，当最大主应力达到极限抗拉强度 f_t' 时，在与主应力垂直方向产生裂缝。材料开裂后被认为是非线性各向异性的，各向异性轴为 n-t，如图 3-6b 所示，分别为与裂缝垂直和相切方向。在分析过程中，该模型假定开裂的方向及各向异性轴不变，在材料开裂后，材料进入受拉软化阶段，如图 3-6c 所示。对于材料开裂后的受压应力应变关系如图 3-6d 所示，与塑性模型的有效应力应变曲线形状相似，上升段为 Parabolic 硬化曲线，下降段为 Exponential 软化曲线。

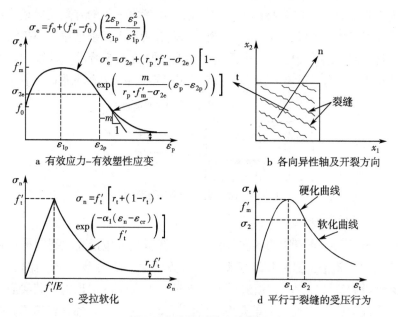

图 3-6　弥散裂缝连续模型

（2）界面模型

填充墙 RC 框架结构微观有限元模型中，砂浆受力性能的模拟是至关重要的，通常采用界面模型来模拟砌体的开裂、摩擦滑移及压碎。目前，很多以塑性理论为基础的连续化有限元模型已经被提出，Lourenco 基于塑性理论提出了复合连续界面模型，包括受拉退化的 Model-Ⅰ破坏准则、库伦摩擦 Model-Ⅱ破坏准则及受压盖帽模型准则，如图 3-7 所示，该模型可以实现从加载至刚度退化的整个加载过程的弹塑性性能的模拟。该界面模型描述了界面的应力 t 与相对位移 Δu 之间的关系，如图 3-8 所示，应力与应变之间的关系表达式为：

$$\sigma = D\varepsilon ,\tag{3-1}$$

$$\sigma = \{\sigma, \ \tau\}^{\mathrm{T}}, \tag{3-2}$$

$$D = \mathrm{diag}\{k_{\mathrm{n}}, \ k_{\mathrm{s}}\}, \tag{3-3}$$

$$\varepsilon = \{\Delta u_{\mathrm{n}}, \ \Delta u_{\mathrm{s}}\}^{\mathrm{T}}. \tag{3-4}$$

其中，σ 和 τ 分别为沿界面的正应力及剪应力，Δu_{n} 及 Δu_{s} 分别为沿界面的法向及切向的相对位移，k_{n} 及 k_{s} 分别为沿两个方向的弹性刚度。

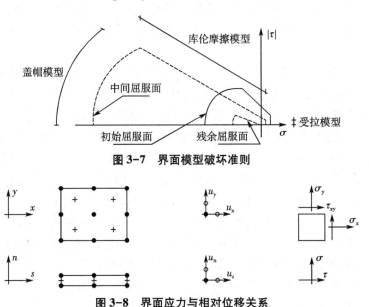

图 3-7　界面模型破坏准则

图 3-8　界面应力与相对位移关系

　　复合界面模型最重要的特点是结合了受拉、受剪及受压的软化，这是因为砌体的任何破坏现象均与砂浆和块材之间的黏结相关。本模型中，采用各向同性软化，这意味着材料退化过程中剪力及拉力的软化是相等的。

3.4　材料的本构模型

　　目前，能实现材料非线性及界面接触模拟的有限元软件比较多，如 AN-SYS、ADINA、ABAQUS 及 DIANA。本研究中，需要实现混凝土的开裂、砂浆界面的分离、墙—框界面的分离及砌体的开裂等，尤其需要考虑砂浆界面的剪切退化性能。经过综合评价，为了实现填充墙框架结构微观层面的模拟，DIANA 软件是实现研究目的最理想的工具。本书中，RC 框架结构中混凝土采用连续弥散裂缝模型来模拟开裂及压碎，砌体中块材采用弹性连续模型模拟，砂浆界面及墙—框界面采用界面单元来模拟砂浆与块材间及填充墙与 RC 框架间的黏结滑移、分离闭合及剪切膨胀等性能。

（1）混凝土本构模型

混凝土材料是一种各向异性的复合材料，其本构关系十分复杂，特别是多轴应力状态下的复杂性尤为突出。基于填充墙框架结构的混凝土剪切开裂特性及收敛效果，本书尝试采用全应变转动弥散裂缝模型模拟混凝土的非线性性能，尤其模拟混凝土的剪切开裂性能，混凝土的基本弹性属性参数如表 3-1 所示。

在 DIANA 程序中，全应变转动裂缝模型（Total Strain Rotating Crack Model）定义了线性、脆性、多线性及非线性 4 类受拉软化曲线。本书选取基于断裂能准则的 Exponential 软化曲线进行模拟，如图 3-9 所示，需要确定的参数分别为混凝土抗拉强度 f_t、Model-I 断裂能 G_f^I 及裂缝带宽度 h，具体取值如表 3-1 所示。该开裂模型中，混凝土的受压性能考虑了侧向约束及层开裂的影响，应力-应变曲线进行了修正，DIANA 自定义了线性及非线性等 7 种受压性能曲线，本书选取 Parabolic 曲线进行模拟，如图 3-10 所示，需要确定的参数分别为混凝土抗压强度 f_c、受压断裂能 G_{fc} 及裂缝带宽度 h，一般 $G_{fc}=10\sim25$，G_{fc} 通常为 G_f^I 的 $50\sim100$ 倍，具体取值如表 3-1 所示。混凝土开裂后，剪切刚度减小，对于弥散裂缝模型，剪切刚度用剪力传递系数 β（Shear Retention Factor）来表示。转动裂缝模型中，采用实常数剪切传递系数 $\beta=1.0$。

表 3-1　混凝土材料属性

E/MPa	υ	f_t/MPa	$G_f^I/(N/mm)$	β	f_c'/MPa	$G_{fc}/(N/mm)$	h/mm
30 000	0.2	2.0	0.2	1.0	30	10	10

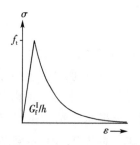

图 3-9　混凝土受拉软化曲线

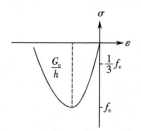

图 3-10　混凝土受压曲线

（2）钢筋本构模型

钢筋采用 Von Mises 屈服准则理想的弹塑性模型模拟，弹性模量 E_s，屈服强度 f_y 和极限应变 ε_u 根据伪静力试验中钢筋材性试验得到。钢筋材料假设为二折线的弹塑性强化模型，屈服后的应力-应变关系简化为很平缓的倾斜直线，可取 $E_s' = 0.01E_s$，得到的硬化曲线如图 3-11 所示。

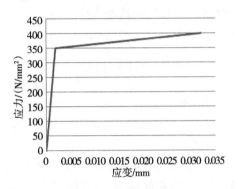

图 3-11　钢筋硬化曲线

（3）界面单元本构模型

砂浆连接界面的模拟采用基于多面屈服准则的复合界面模型（Combined Cracking-Shearing-Crushing Interface），该模型能很好地模拟界面的开裂、摩擦滑移及压碎。

首先，模型需要确定弹性范围内界面法向刚度 D_{11} 及切向刚度 D_{22}，可以依据如下公式计算：

$$D_{11} = \frac{E_b E_m}{t_m(E_b - E_m)}, \quad D_{22} = \frac{G_b G_m}{t_m(G_b - G_m)} \text{。} \tag{3-5}$$

式中：E_m——砂浆弹性模量；

E_b——块材弹性模量；

G_m——砂浆剪切模量；

G_b——块材剪切模量；

t_m——砂浆的厚度。

其次，复合界面模型中，受拉退化准则采用 Model-Ⅰ 指数软化模型，该模型考虑了流动法则及应变软化假定，认为法向相对塑性变形控制界面的软化行为屈服功能函数为：

$$f_1(\sigma, \kappa_1) = \sigma - \bar{\sigma}_1(\kappa_1), \tag{3-6}$$

$$\bar{\sigma}_1 = f_\mathrm{t} \exp\left(-\frac{f_\mathrm{t}}{G_\mathrm{f}^\mathrm{I}} \kappa_1 \right) 。 \tag{3-7}$$

式中：f_t—抗拉强度（$0 < f_\mathrm{t} < c/\tan\varphi$）；

$\quad G_\mathrm{f}^\mathrm{I}$—Model-I 断裂能。

再次，砌体块材与砂浆间的摩擦行为采用库伦摩擦准则模拟，如图 3-12 所示。库伦摩擦准则采用的功能函数为：

$$f_2(\sigma, \kappa_2) = |\tau| + \sigma\tan\varphi(\kappa_2) - \bar{\sigma}_2(\kappa_2), \tag{3-8}$$

$$\bar{\sigma}_2 = c \exp\left(-\frac{c}{G_\mathrm{f}^\mathrm{II}} \kappa_2 \right) 。 \tag{3-9}$$

式中：φ—切向摩擦角（$\tan\varphi > 0$）；

$\quad c$—砂浆界面内聚力；

$\quad G_\mathrm{f}^\mathrm{II}$—Model-II 断裂能。

其中，内聚力的软化假定为指数软化，而摩擦角软化简化为与内聚力软件成正比。为了合理描述界面膨胀性能，采用的塑性势函数为：

$$g_2 = |\tau| + \sigma\tan\psi - c 。 \tag{3-10}$$

其中，ψ 为切向膨胀角。试验表明，膨胀角 ψ 由塑性剪切滑移变形与法向约束应力决定，当这两个量增大时，膨胀角趋于 0。当摩擦与膨胀不一致时，还需要确定 3 个参数：残余摩擦系数 φ_r（>0）、约束法向应力 σ_u（<0）及指数退化系数 δ（>0）。

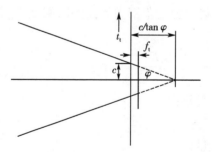

图 3-12　库伦摩擦准则

最后，受压采用盖帽模式椭圆体模型，二维屈服面功能函数为：

$$f_3(\sigma, \kappa_3) = C_{nn}\sigma^2 + C_{ss}\tau^2 + C_n\sigma - (\bar{\sigma}_3(\kappa_3))^2 。 \tag{3-11}$$

式（3-11）中，C_{nn}、C_{ss}、C_n 为材料参数，$\bar{\sigma}_3$ 为屈服应力。其中，C_{nn}（$=1$）、C_n（$=0$）控制着椭圆的中心，在与法向拉应力轴线的交叉点，C_{ss} 控制着剪切应力对破坏的贡献。模型屈服面的硬化采用 Parabolic 硬化准则，软化采用 Parabolic/Exponential 软化准则，如图 3-13 所示，峰值点强度 f_c 为砌体的抗压强度，所对应的塑性应变为 κ_p。当曲线进入软化段时，由开裂能 G_{fc} 控制。

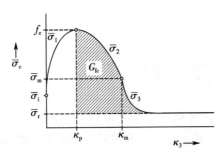

图 3-13　界面模型受压硬化-软化准则

综上，复合界面模型需要确定的参数较多，本书各个参数值的确定参考相关文献，竖向灰缝、水平灰缝及块材裂缝界面模型的相关参数分别如表 3-2 至表 3-4 所示。

表 3-2　竖直灰缝界面参数

D_{11}/MPa	D_{22}/MPa	f_t/MPa	G_f^{I}/(N/mm)	C/MPa	φ_1	φ_r	ψ_1
130	150	0.1	0.01	0.2	0.75	0.75	0.005

σ_u/MPa	δ	G_f^{II}/(N/mm)	f_c'/MPa	C_s	G_{fc}/(N/mm)	κ_p
−1	5	0.05	5.6	1.0	20	0.006

表 3-3　水平灰缝界面参数

D_{11}/MPa	D_{22}/MPa	f_t/MPa	G_f^{I}/(N/mm)	C/MPa	φ_1	φ_r	ψ_1
220	260	0.20	0.02	0.4	0.75	0.75	0.005

σ_u/MPa	δ	G_f^{II}/(N/mm)	f_c'/MPa	C_s	G_{fc}/(N/mm)	κ_p
−1	5	0.05	5.6	9.0	30	0.006

表 3-4　块材裂缝界面模型参数

E/MPa	υ	D_{11}/MPa	D_{22}/MPa	$f_\mathrm{t}/\mathrm{MPa}$	$G_\mathrm{f}^{\mathrm{I}}/(\mathrm{N/mm})$
2500	0.12	1.0E6	1.0E6	0.2	0.01

3.5　有限元模型的建立

本书将采用 DIANA 非线性有限元软件，对填充墙 RC 框架结构伪静力试验模型进行非线性有限元分析。本书对 4 个框架试验模型进行单调荷载作用下的数值模拟，4 个模型分别为纯框架模型 S1、两跨满布黏土砖填充墙框架模型 S2、大跨满布加气砌块填充墙框架模型 S3 及两跨半高布加气砌块填充墙框架模型 S4。有限元模型中，混凝土及砌体填充墙块材采用 8 节点的 CQ16M 平面应力单元模拟，钢筋采用埋入式 BAR 钢筋单元，砂浆界面及墙—框界面采用 CL12I 界面单元。混凝土采用全应变旋转裂缝模型模拟，受压性能采用 Parabolic 曲线，受拉性能采用 Exponential 曲线，界面单元采用复合受力塑性模型，以试验模型 S3 为例，所建立的有限元模型如图 3-14 所示。

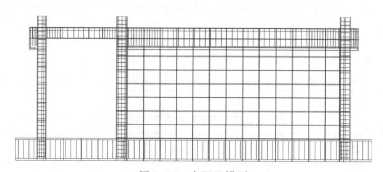

图 3-14　有限元模型

3.6　数值模拟与计算结果对比

通过非线性有限元计算，得到的 3 个填充墙框架结构试验模型的荷载-位移曲线，如图 3-15 所示，与试验得到的骨架曲线基本吻合，该有限元模型能较好地模拟模型的强度及刚度退化性能。数值模拟计算的极限承载力及初始刚度均比试验结果略高，这与材料属性离散及加载情况有关，误差为允许范围。

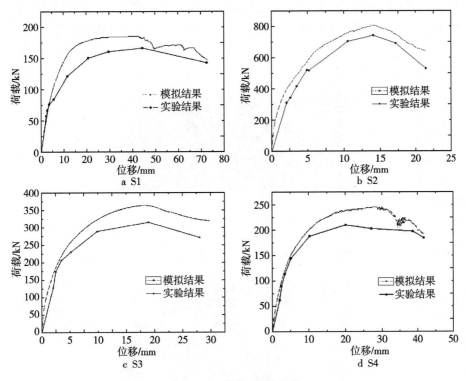

图 3-15　荷载-位移曲线

　　3 个填充墙框架结构模型中填充墙的开裂云图如图 3-16 所示。填充墙沿着斜向受压方向产生了斜裂缝，BC 跨填充墙主要产生了沿 45° 方向的斜裂缝，AB 跨填充墙的斜裂缝为对角斜裂缝，进一步验证斜裂缝的开裂方向与填充墙的跨高比有关。另外，填充墙与框架界面间产生了水平及竖向界面裂缝，填充墙裂缝开展情况与试验结果基本吻合。由此可见，本书所建立的填充墙模型能精细地模拟填充墙的开裂，尤其可以模拟砌筑填充墙砂浆界面及墙—框界面的裂缝。

　　4 个填充墙框架试验模型的钢筋应力云图如图 3-17 所示。纯框架中柱 B 顶部钢筋应力最大，在水平位移为 8 mm 时钢筋开始屈服，框架柱钢筋普遍先于框架梁钢筋屈服，B 柱、C 柱钢筋比 A 柱钢筋先屈服，产生了"强梁弱柱"式破坏模式，与试验现象吻合。通过填充墙框架结构模型梁柱钢筋应力云图可见，填充墙对框架柱产生了斜撑作用，填充墙对框架柱顶产生了附加剪应力，使边框架柱 C 顶部钢筋最先屈服，导致柱顶先于柱底破坏。另外，填充墙对框架柱产生了明显的约束效应，导致模型 S4 柱顶箍筋应力增大，下部约束段框架柱纵筋应力屈服点上移，产生了短柱效应。

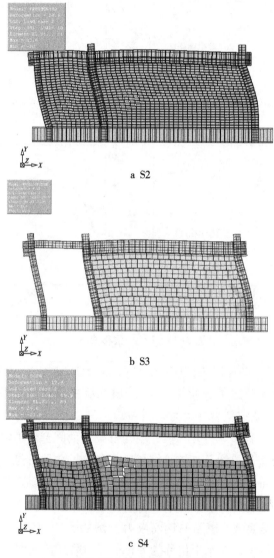

a S2

b S3

c S4

图 3-16　填充墙开裂云图

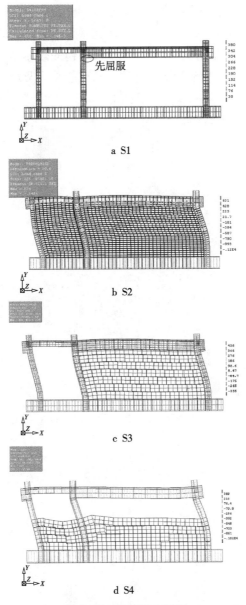

a S1

b S2

c S3

d S4

图 3-17　钢筋应力云图

　　另外，通过计算可得到框架梁柱裂缝的分布情况如图 3-18 所示，纯框架结构模型 S1 出现了明显的水平裂缝，为弯曲破坏模式；填充墙框架模型 S2 及 S3 边柱 C 由于填充墙的作用，产生了剪切斜裂缝；填充墙框架模型 S4

下部由于填充墙的约束效应产生了若干水平裂缝，产生了短柱效应。由此可见，本书所建立的有限元模型，能实现填充墙对框架结构的约束效应及斜撑作用的模拟，由于填充墙的存在改变了框架结构的破坏模式，由弯曲破坏变为剪切破坏，使框架柱顶成为薄弱部位，与试验结果及震害吻合。

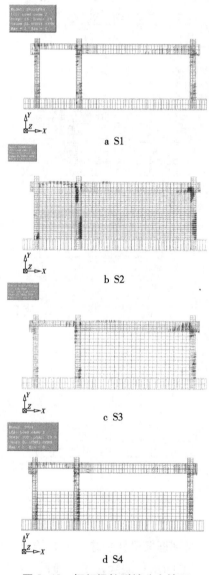

图 3-18　框架梁柱裂缝分布情况

　　通过上述分析可见，本书所建立的微观有限元模型的计算结果与试验结果及震害吻合较好，能实现填充墙框架结构从填充墙开裂、混凝土的开裂及钢筋的屈服全过程的破坏模拟，较好地反映了填充墙与框架间的相互作用规律，验证了试验结果的可靠性。综上，该填充墙框架结构有限元模型能较好地评估结构的非线性性能，可为砌体填充墙框架结构的进一步分析奠定基础。

第4章 短柱破坏机制研究

4.1 引言

    目前，为了满足绝热、隔声及分隔等建筑功能要求，填充墙普遍应用于钢筋混凝土框架结构中。根据填充墙布置情况，框架结构通常可分为4类：纯框架、满布填充墙框架、开洞填充墙框架及部分填充墙框架，如图4-1所示。汶川地震中，教学楼走廊外墙采用了开通窗的填充墙框架结构，框架柱出现了严重的破坏。通过填充墙框架结构震害及研究分析可见，填充墙与框架结构间存在复杂的相互作用，填充墙的约束效应及斜撑作用改变了框架结构的破坏模式，对抗震能力产生了非常不利的影响。因此，在结构设计过程中，填充墙通常作为非结构单元考虑显然是不安全的。

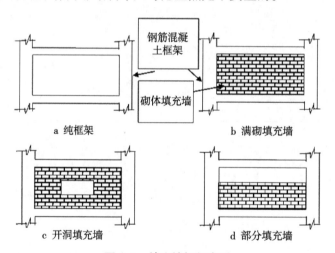

图4-1 填充墙框架类型

    在学校及医院等建筑结构中，为了满足良好的通风及采光效果，填充墙通常开较大洞口或者开通窗，即为图4-1d中的情况。实际地震震害表明，由于设计过程中忽视填充墙的作用，部分布置填充墙的情况极易形成框架结构短柱破坏现象。在窗间墙的位置，由于填充墙对框架柱存在约束效应，一方面使框架柱计算高度降低形成短柱，短柱侧移刚度增大，在地震中吸收更大的地震剪力，在地震中很容易产生短柱剪切破坏，如图 4-2a 所示；另一方面，当箍筋配置较多，不容易发生短柱剪切破坏时，由于填充墙的作用，使框架柱两端弯矩增大，纵筋屈服，下部屈服点上移，导致框架柱产生短柱弯曲破坏，如图 4-2b 所示。众所周知，短柱的延性很差，在建筑遭受本地区设防烈度或高于本地区设防烈度的地震影响时，很容易发生剪切破坏而造成结构破坏甚至倒塌。我国抗震规范明确规定了"强剪弱弯""强柱弱梁"的抗震设计原则，而短柱的形成导致结构很难实现延性破坏机制，不利于实现"大震不倒"的设防目标。

a　短柱剪切破坏　　　　　　　　b　短柱弯曲破坏

图 4-2　开通窗填充墙框架短柱破坏震害

　　填充墙框架结构短柱破坏尽管显示的是柱子的破坏，但实际根源在结构分析及设计过程中，没有考虑填充墙与框架结构之间的相互作用，如果合理考虑填充墙的布置，短柱效应是可以避免的。但是，如何合理考虑填充墙、如何判断并避免短柱破坏等问题还需进一步研究，规范尚未给出明确而完善的规定，导致设计人员经常忽视该问题。本章将以填充墙框架结构伪静力试验为基础，对填充墙引起短柱的破坏机制、因素及避免措施等问题进行研究，为避免填充墙引起的框架结构短柱失效破坏机制提供依据。

4.2　短柱的相关概念

　　历次震害调查及分析表明，短柱易发生沿斜截面的脆性剪切破坏，其破坏特点是裂缝几乎遍布柱身，斜裂缝一旦贯通，承载力急剧下降，破坏突然，延性很差，短柱破坏极易导致结构的连续性破坏或倒塌。

短柱的概念是由柱子的剪跨比引起的，剪跨比大于 2.0 的柱为长柱，剪跨比在 1.5~2.0 的为短柱，剪跨比小于 1.5 的柱为超短柱。通过试验及研究表明，长柱的破坏通常为弯曲破坏，短柱的破坏为剪切破坏，超短柱的破坏为剪切斜拉破坏。由于短柱的产生，会对结构整体带来灾难性的破坏，因此，在进行结构设计之前，首先要判别哪些柱是短柱或哪种受力状态易形成短柱。目前，在工业与民用建筑的框架结构设计中，普遍采用 PKPM 等设计软件进行设计，但目前的软件设计还不完善，在进行电算时，对短柱不能进行自动判别，因此，短柱需要设计人员利用电算结果另行设计。然而，实际工程设计过程中，更多的设计人员忽视对短柱的判别。

房屋建筑中短柱通常采用净高与截面宽度之比来判别，不大于 4 的柱认为是短柱。短柱的类型主要包括错层短柱、夹层短柱、全层短柱及填充墙短柱等。实际工程中，由于填充墙对框架柱的约束作用而形成的短柱效应特别要注意。然而，实际工程中，对于填充墙引起的短柱的判别尚未形成明确规定，设计人员或忽视短柱效应或基于经验来进行判别，缺乏详细的理论依据。

目前，改善短柱的抗震性能的最常见措施是采用箍筋加密，通常箍筋应沿柱全高加密，箍筋的直径不应小于 10 mm，肢距不大于 200 mm，间距不应大于 100 mm，宜采用复合螺旋箍筋或井字复合箍。另外，也可以考虑采用分体柱、采用钢骨混凝土柱、采用钢管砼柱等抗震措施。

4.3 填充墙框架结构中的短柱破坏机制

填充墙对框架柱的约束效应是引起短柱破坏的主要原因，填充墙体沿着接触长度范围内约束效应使柱计算高度减小，剪跨比增大，从而导致框架柱短柱破坏。如图 4-3 所示，以开通窗填充墙框架结构为例，由于填充墙的存在，上部未被约束段的框架柱产生较大水平侧向变形，框架柱下部受到约束产生较小侧移，相对于上段柱侧移小很多，形成典型的约束短柱效应。

在结构设计过程中，填充墙通常作为非结构构件进行设计，忽视其与框架结构的相互作用，框架柱采用如图 4-4a 所示中总体净高 H 来进行设计。而实际上，框架柱由于受到了填充墙体的约束作用，改变了框架结构的受力性能，使框架柱的计算高度明显减小，如图 4-4b 所示。由此可见，开通窗

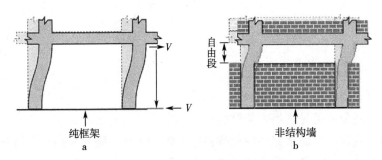

图 4-3　填充墙对框架柱的约束效应

框架柱由于自由段柱刚度增大，分配的剪力增大，则使填充墙框架柱的剪跨比明显比无填充墙的纯框架结构减小，侧向变形能力减弱，当框架柱的剪跨比小于 2 时形成了短柱，产生脆性剪切破坏。显然，似乎无害的非结构单元引起了设计人员的错误判断，对结构引起了超出预期的非常不利的影响。

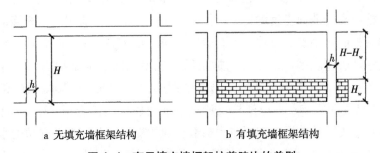

图 4-4　有无填充墙框架柱剪跨比的差别

　　由于填充墙的不合理设置，使得不同剪跨比的框架柱在水平地震作用下的破坏特征及受力性能存在很大差别。短柱因抗侧刚度大，分配的地震剪力就大，同时其侧向变形能力小，容易发生剪切破坏，可以通过静力平衡方法对其进行分析，如图 4-5 所示。框架结构若忽视填充墙的作用，通过静力平衡可以得到水平荷载作用下柱顶剪力 V 与柱两端弯矩 M_T 及 M_B 之间的关系为：

$$V = (M_T + M_B)/H = \sum M_1/H。 \qquad (4-1)$$

　　框架结构布置通窗填充墙时，当填充墙对框架柱的约束足够大，考虑填充墙的作用，假定框架柱的反弯点位置为 $H'/2$，则式（4-1）应表达为：

$$V' = (M_T + M_B)/H' = \sum M_2/H'。 \qquad (4-2)$$

　　半高填充墙对框架柱产生了约束效应，当自由段柱两端钢筋均屈服时，

则由

$$\sum M_1 = \sum M_2 \tag{4-3}$$

推导得：$V'/V = H/H'$。 （4-4）

当 $H' = 1/4H$ 时，则 $V' = 4V$。 （4-5）

由上述分析可见，当框架结构布置填充墙时，若未布置填充墙自由段框架柱的高度是不考虑填充墙纯框架柱净高的 1/4 时，则部分高布置填充墙框架结构的柱顶剪力是纯框架的 4 倍。由此可见，由于填充墙对框架柱产生了较大的约束效应，使框架柱的计算高度减小，框架柱顶受到较大的剪力，从而导致框架柱产生短柱剪切破坏。

填充墙框架结构中的填充墙是否引起短柱破坏，由填充墙对框架柱产生的约束效应大小决定。填充墙对框架柱的约束效应影响因素很多，如填充墙的材料、布置高度及墙—框架界面连接情况等。实际工程中，短柱的判别通常通过柱净高与截面宽度的比值范围来判别，如果直接应用到填充墙框架结构中的短柱破坏判别，显然是不合理的。当 $(H-H_w)/h<4$ 时，填充墙未必会引起短柱破坏。因此，根据纯框架结构及填充墙框架结构内力及变形关系，如图 4-5 所示，假定纯框架结构中框架柱反弯点至框架柱顶的距离为 $H/2$，填充墙框架结构中框架柱反弯点至框架柱顶距离为 $H'/2$ 时，框架柱的变形近似为线性关系，忽视重力荷载引起的变形；若纯框架柱顶的水平侧移为 Δ_c，侧移刚度为 k_c；填充墙框架结构柱顶的总侧移为 Δ，填充墙框架柱总侧移刚度为 k；将上段柱作为自由段柱，侧移刚度为 k_c'，下段柱与填充墙作为整体约束柱，侧移刚度为 k_{cw}，下段约束柱与上段柱形成串联柱，上段柱产生的侧移为 Δ'，约束柱产生的侧移为 Δ_{cw}，当纯框架结构与填充墙框架结构柱顶均达到极限抗弯承载力时，根据受力平衡及式（4-4）可得：

$$V'/V = \frac{k \cdot \Delta}{k_c \cdot \Delta_c} = \frac{H}{H'}, \tag{4-6}$$

$$\Delta = \frac{H}{k} \frac{k_c}{k} \Delta_c。 \tag{4-7}$$

由位移几何关系可得：

$$\Delta_{cw} = \Delta \cdot \frac{H_w}{H} = \frac{H_w}{H'} \cdot \frac{k_c}{k} \cdot \Delta_c。 \tag{4-8}$$

由下段约束柱与上段柱形成串联柱，则填充墙框架柱的总侧移刚度为：

$$k = \frac{1}{\frac{1}{k_c'} + \frac{1}{k_{cw}}} = \frac{k_c' \cdot k_{cw}}{k_c' + k_{cw}}, \qquad (4\text{-}9)$$

$$\Delta_{cw} = \frac{H_w}{H'} \cdot \frac{k_c \cdot (k_c' + k_{cw})}{k_c' \cdot k_{cw}} \cdot \Delta_c \circ \qquad (4\text{-}10)$$

由剪跨比小于等于 2 时形成了短柱剪切破坏的判别条件得：

$$\lambda = \frac{M_T}{V' h_0} = \frac{V \cdot H/2}{V' h_0} = \frac{k_c \cdot \Delta \cdot H/2}{k_{cw} \cdot \Delta_{cw} \cdot h_0}$$

$$= \frac{k_c \cdot \Delta \cdot H/2}{k_{cw} \cdot \dfrac{H_w}{H'} \cdot \dfrac{k_c \cdot (k_c' + k_{cw})}{k_c' \cdot k_{cw}} \cdot \Delta_c} \leqslant 2, \qquad (4\text{-}11)$$

推导得：

$$k_{cw}/k_c' \geqslant \frac{H \cdot H'}{4 H_w \cdot h_0} - 1 \circ \qquad (4\text{-}12)$$

其中，k_{cw} 为填充墙及约束柱的总侧移刚度，可将填充墙根据刚度相等的原则等效为混凝土，然后按照整体约束柱进行侧移刚度计算。

因此，对于开通窗填充墙框架结构，当自由段框架柱净高满足 $H \leqslant 4h$ 时，当下段约束柱刚度与上段自由段柱刚度比满足式（4-12）时，由于填充墙对框架柱的约束作用较大，降低框架柱计算高度，增大了框架柱顶的剪力，从而导致框架柱产生短柱剪切破坏。在结构设计过程中，应该合理控制填充墙的高度及刚度在合理的范围，避免框架柱发生短柱剪切破坏。

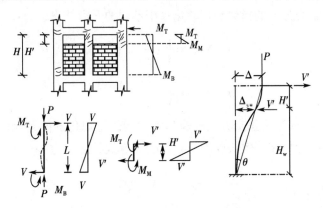

图 4-5　纯框架及填充墙框架内力及变形

4.4 填充墙框架结构宏观有限元模型

4.4.1 填充墙宏观分析模型

为了提高计算效率，填充墙模型采用连续介质宏观模型，将填充墙的块材及砂浆的性能均匀连续化，采用一种材料进行模拟。该连续化模型结合了各向异性弹性行为和各向异性的塑性行为，基于多面的复合屈服面，包括 Hill 受压屈服准则和 Rankine 受拉屈服准则。该模型能描述材料各向异性的各种强度软化及硬化行为，如图 4-6 所示。

砌体材料为典型的各向异性材料，沿 x、y 方向具有不同的抗拉强度，Rankine 屈服面方程式可以表达为：

$$f_1 = \frac{(\sigma_x - \bar{\sigma}_{t1}(k_t)) + (\sigma_y - \bar{\sigma}_{12}(k_t))}{2} + \tag{4-13}$$

$$\sqrt{\left(\frac{(\sigma_x - \bar{\sigma}_{t1}(k_t)) - (\sigma_y - \bar{\sigma}_{t2}(k_t))}{2}\right) + \alpha\tau_{xy}^2},$$

$$\alpha = \frac{f_{tx}f_{ty}}{\tau_u^2}。 \tag{4-14}$$

其中，f_{tx}、f_{ty}、τ_u 分别为砌体的 x 向单轴抗拉强度、y 向单轴抗拉强度及抗剪强度。

砌体的正交方向的指数受拉软化采用不同的开裂能表达为：

$$\bar{\sigma}_{t1} = f_{tx}\exp\left(-\frac{hf_{tx}}{G_{fx}}k_t\right), \tag{4-15}$$

$$\bar{\sigma}_{t2} = f_{ty}\exp\left(-\frac{hf_{ty}}{G_{fy}}k_t\right)。 \tag{4-16}$$

其中，G_{fx} 及 G_{fy} 描述了正交方向的非弹性性能，正规化的能量耗散是通过假设非弹性的性能是在等效长度均匀分布的，等效长度 h 为：

$$h = \alpha_h\sqrt{A_e} \leqslant \frac{G_f E}{f_t^2}。 \tag{4-17}$$

Hill 受压屈服准则为中心旋转的椭球体应力空间，其表达式为：

$$f_2 = (1/2\sigma^T P_c \sigma)^{1/2} - \bar{\sigma}_c(k_c)。 \tag{4-18}$$

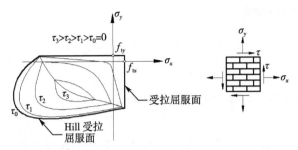

图 4-6　Rankine-Hill 屈服准则

其中，投影矩阵 P_c 为：

$$P_c = \begin{bmatrix} 2\dfrac{\bar{\sigma}_{c2}(\kappa_c)}{\bar{\sigma}_{c1}(\kappa_c)} & \beta & 0 & 0 \\ \beta & 2\dfrac{\bar{\sigma}_{c1}(\kappa_c)}{\bar{\sigma}_{c2}(\kappa_c)} & 0 & 0 \\ 0 & 0 & 0 & 0 \\ 0 & 0 & 0 & 2\gamma \end{bmatrix} \qquad (4-19)$$

其中，κ_c 控制硬化及软化程度，屈服应力值 $\bar{\sigma}_c$ 为：

$$\bar{\sigma}_c = \sqrt{\bar{\sigma}_{c1}\bar{\sigma}_{c2}}。 \qquad (4-20)$$

参数 β 和 γ 控制着屈服面的形状，β 围绕剪应力轴旋转，γ 控制剪应力对结构破坏的贡献，其表达式为：

$$\gamma = \frac{f_{mx}f_{my}}{\tau_u^2}。 \qquad (4-21)$$

屈服面的硬化基于 Parabolic 硬化准则，并伴有 Parabolic/Exponential 软化，如图 4-7 所示。

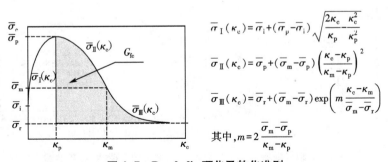

$$\bar{\sigma}_{\mathrm{I}}(\kappa_c) = \bar{\sigma}_i + (\bar{\sigma}_p - \bar{\sigma}_i)\sqrt{\frac{2\kappa_c}{\kappa_p} - \frac{\kappa_c^2}{\kappa_p^2}}$$

$$\bar{\sigma}_{\mathrm{II}}(\kappa_c) = \bar{\sigma}_p + (\bar{\sigma}_m - \bar{\sigma}_p)\left(\frac{\kappa_c - \kappa_p}{\kappa_m - \kappa_p}\right)^2$$

$$\bar{\sigma}_{\mathrm{III}}(\kappa_c) = \bar{\sigma}_r + (\bar{\sigma}_m - \bar{\sigma}_r)\exp\left(m\frac{\kappa_c - \kappa_m}{\bar{\sigma}_m - \bar{\sigma}_r}\right)$$

其中，$m = 2\dfrac{\bar{\sigma}_m - \bar{\sigma}_p}{\kappa_m - \kappa_p}$

图 4-7　Parabolic 硬化及软化准则

其中，塑性极限应变为：

$$\kappa_{\mathrm{m}} = \frac{75}{67}\frac{G_{\mathrm{fc}}}{hf_{\mathrm{m}}} + \kappa_{\mathrm{p}} \geqslant \frac{f_{\mathrm{m}}}{E} + \kappa_{\mathrm{p}}。 \qquad (4-22)$$

4.4.2 有限元模型验证

采用 DIANA 非线性有限元软件，填充墙采用匀质连续宏观有限元模型，对开通窗填充墙 RC 框架结构进行非线性有限元分析。其中，混凝土、钢筋及填充墙与框架柱的接触面的模拟方法同第 3 章的填充墙框架结构微观有限元模型，填充墙材料属性及参数如表 4-1 所示。

表 4-1 砌体材料属性

E/MPa	ν	f_{tx}/MPa	f_{ty}/MPa	α_T	α_h	f_{cx}/MPa	f_{cy}/MPa
2500	0.15	0.07	0.05	1.0	1.0	1.8	2.6
β	γ	G_{fcx}/(N/mm)	G_{fcy}/(N/mm)	G_{ftx}/(N/mm)	G_{fty}/(N/mm)	κ_{p}	
-1.0	3.0	10	20	0.1	0.05	0.003	

采用上述方法，对第 2 章中纯框架结构及两跨半高布填充墙框架结构的试验模型进行有限元分析，有限元模型如图 4-8 所示。计算得到的荷载-位移曲线如图 4-9 所示，通过计算结果与试验结果对比表明，数值模拟得到的强度及刚度比试验结果略大，这与试验加载设备、加载方式及有限元模型的简化等原因有关，尽管存在误差，但数值模拟结果与试验结果基本吻合。

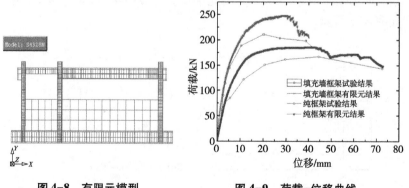

图 4-8 有限元模型   图 4-9 荷载-位移曲线

开通窗填充墙框架结构模型的钢筋塑性应变云图如图 4-10 所示，通过对比可见，中柱顶钢筋先屈服，中柱顶破坏最严重，与试验结果吻合。通过填充墙塑性应变云图（图 4-11）可见，填充墙对框架产生了斜撑作用，填充墙产生了明显的斜裂缝，与试验结果吻合较好。因此，本书将采用上述方法对开通窗填充墙框架结构进行数值模拟分析与研究。

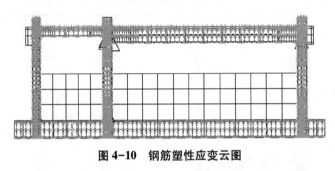

图 4-10　钢筋塑性应变云图

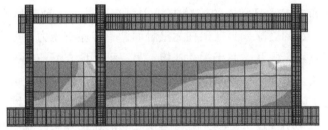

图 4-11　填充墙塑性应变云图

4.5　填充墙框架结构中的短柱破坏有限元分析

4.5.1　影响因素

开通窗填充墙框架结构形式，是造成短柱破坏的典型情况。填充墙是否能导致短柱破坏的发生，与填充墙的材料特性、填充墙和框架的连接方式、填充墙的布置高度等密切相关，下面将针对如下各个影响因素进行定量分析。

（1）填充墙块材类型

填充墙框架结构普遍应用于房屋建筑结构中，实际工程中所采用的填充墙的块材类型主要包括：黏土砖、加气混凝土砌块及蒸压砖等。对于开通窗的填充墙框架结构，由于填充墙材料特性的不同，对框架结构产生的影响也不同，通常填充墙材质越强对框架结构的影响越大。因此，本书选取 3 种有代表性的填充墙砌体材料进行分析，根据规范及相关文献得到的各个块材属性如表 4-2 所示。

表 4-2　不同块材属性

砌体材料	抗压强度/ MPa	抗拉强度/ MPa	弹性模量/ MPa	密度/ （kN/m³）
蒸压加气混凝土砌块	2.0	0.08	2500	7
粉煤灰蒸压砖	5.0	0.13	4000	15
黏土砖	6.0	0.15	6500	18

（2）填充墙和框架的连接方式

填充墙和主体框架梁柱的连接方式主要有两种，一种是填充墙与框架柱、梁脱开一定的缝隙，与框架柱无接触面，不传递挤压力、剪力，缝隙间设置拉结筋或完全脱开，属于柔性连接；另一种是填充墙与框架柱、梁采用不脱开的方式，填充墙与框架梁、柱之间采用斜砌顶紧或砂浆填实顶紧的连接方式，与主体框架的接触面上存在相互挤压力及剪力，填充墙类似于斜压杆的作用，属于刚性连接。填充墙与框架之间的连接方式的规定对于不同的砌筑材料及不同的地区是不完全相同的，但都建议填充墙与框架间采用柔性连接。通过调查分析表明，实际工程中刚性连接情况比较常见，填充墙与框架之间的连接方法与二者间的相互作用密切相关。填充墙与框架柱接触面采用界面单元进行模拟，通过调整界面刚度来模拟二者间的连接情况，界面刚度选取 K_1（$D_{11} = 300$ MPa，$D_{22} = 250$ MPa）、K_2（$D_{11} = 800$ MPa，$D_{22} = 650$ MPa）及 K_3（$D_{11} = 1\,000\,000$ MPa，$D_{22} = 850\,000$ MPa）3 种情况，针对填充墙对框架结构的抗震性能进行分析。

（3）填充墙布置高度

短柱通常通过柱净高与截面宽度的比值来进行判别，填充墙布置得越高，柱净高越小，剪跨比越小，越容易引起短柱破坏。因此，本书选取填充墙的布置高度分别为 450 mm、650 mm、1000 mm、1150 mm、1300 mm 5 种情况进行非线性有限元分析，填充墙的布置高度 H_w 与框架柱总高 H 之比分别为 0.269、0.388、0.597、0.687、0.776。

4.5.2 开通窗填充墙对框架结构抗震性能的影响

选取加气砌块及黏土砖两种典型材料，根据计算结果得到开通窗填充墙框架结构的荷载-位移曲线，如图 4-12 所示。由图 4-12 可见，开通窗填充墙框架结构的极限承载力与填充墙材料、填充墙高度有关，黏土砖极限承载力是加气砌块的 1.1~1.2 倍，填充墙布置得越高，极限承载力越大。填充墙与框架间的界面刚度对填充墙框架结构的极限承载力及刚度影响不大，但对延性影响比较明显，界面刚度越大，荷载-位移曲线下降段越陡，延性越差，填充墙与框架间宜采用柔性连接。另外，黏土砖填充墙框架结构的荷载-位移曲线比加气砌块填充墙框架结构陡，延性差，加气砌块填充墙框架结构的抗震变形能力更好。

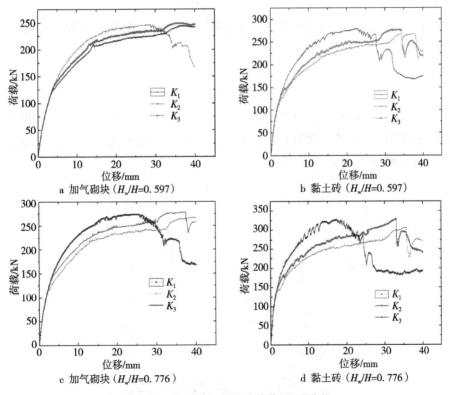

a 加气砌块（$H_w/H=0.597$）　　b 黏土砖（$H_w/H=0.597$）

c 加气砌块（$H_w/H=0.776$）　　d 黏土砖（$H_w/H=0.776$）

图 4-12　填充墙框架结构荷载-位移曲线

通过上述计算结果得到开通窗填充墙框架结构中由于填充墙所增加的刚

度与填充墙砌筑材料及布置高度的关系曲线,如图 4-13 所示。由图 4-13
可见,填充墙的弹性模量越大填充墙提高的刚度越大,但并不成比例增大,
而填充墙所提高的框架结构的刚度随着填充墙高度的提高基本成比例增大。
由上述分析可见,RC 框架结构中,由于填充墙与框架柱存在复杂的相互作
用,因此,填充墙的侧移刚度受到填充墙的属性、墙—框界面刚度及填充墙
的布置情况等影响。在大变形状态下,当满砌填充墙时,假定填充墙与框架
形成并联体,弹性刚度可以采用叠加法,将纯框架的侧移刚度和约束填充墙
的侧移刚度叠加,总侧移刚度按式(4-23)计算:

$$K_{\mathrm{fw}} = K_{\mathrm{f}} + K_{\mathrm{ws}},\qquad(4\text{-}23)$$

其中,框架侧移刚度等于所有柱子侧移刚度之和,按式(4-24)计算:

$$K_{\mathrm{f}} = \sum K_{\mathrm{c}} = \frac{12E_{\mathrm{c}} \sum I_{\mathrm{c}}}{H^3}。\qquad(4\text{-}24)$$

嵌砌抗震砖墙满布时在单位水平力作用下,同时考虑墙体弯曲变形和剪
切变形的柔度系数为:

$$\delta_{\mathrm{w}} = \frac{1.2H_{\mathrm{w}}}{G_{\mathrm{w}}A_{\mathrm{w}}} + \frac{H_{\mathrm{w}}^3}{3E_{\mathrm{w}}I_{\mathrm{w}}}。\qquad(4\text{-}25)$$

当高宽比小于 1 时,仅考虑弯曲变形的影响;当高宽比大于 1 小于
4 时,需同时考虑弯曲和剪切变形的影响;剪切模量 G_{w} 取为 $0.4E_{\mathrm{w}}$。因此,
嵌砌满布抗震砖墙的侧移刚度为:

$$K_{\mathrm{w}} = \frac{1}{\delta_{\mathrm{w}}} = \frac{1}{\dfrac{1.2H_{\mathrm{w}}}{0.4E_{\mathrm{w}}A_{\mathrm{w}}} + \dfrac{H_{\mathrm{w}}^3}{3E_{\mathrm{w}}I_{\mathrm{w}}}}。\qquad(4\text{-}26)$$

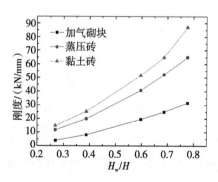

图 4-13 填充墙刚度变化曲线

由上述分析表明，开通窗填充墙框架结构的刚度与填充墙弹性模量、二者相互作用及填充墙的布置有关，根据图 4-13 曲线的变化关系，以嵌砌满布抗震砖墙的侧移刚度公式为基础，部分高约束填充墙的侧移刚度可按下列计算公式计算：

$$K_{ws} = \cfrac{an^2}{\cfrac{3H_w}{\sqrt{E_w A_w}} + \cfrac{H_w^3}{3\sqrt{E_w I_w}}},\qquad (4-27)$$

其中，n 为填充墙布置高度与框架柱净高之比 H_w/H；a 为考虑填充墙属性、布置及与框架相互作用等因素的影响系数。通过开通窗填充墙框架结构的刚度与填充墙的弹性模量、布置高度及界面刚度的相关数据进行数据拟合，回归得到：$a=22$，拟合的相关曲线如图 4-14 所示，相关系数为 0.97。因此，上述初始刚度计算公式与有限元分析结果基本吻合。

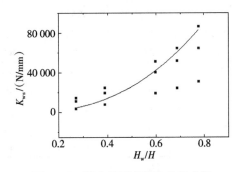

图 4-14　填充墙刚度拟合关系曲线

4.5.3　填充墙对短柱破坏影响的定量分析

通过调整填充墙布置高度 H_w，对 3 种砌筑材料的填充墙框架结构进行非线性有限元分析，得到边框架柱 C 的钢筋应力变化及破坏情况，如表 4-3 及图 4-15、图 4-16 所示。边框架柱 C 自由段在水平侧移加载至最大承载力时箍筋峰值应力的对比曲线如图 4-15 所示，黏土砖填充墙导致框架柱的箍筋应力最大，其次为粉煤灰蒸压砖，该 2 种砌筑材料均易导致箍筋屈服，发生短柱剪切脆性破坏；加气砌块填充墙对框架柱的影响较小，箍筋应力并未屈服，当填充墙布置高度 $H_w/H=0.78$ 时箍筋接近屈服，故加气砌块填充墙不容易导致短柱剪切破坏，与填充墙框架结构伪静力试验结果吻合。另外，由图 4-15

可见，箍筋的应力随着填充墙的布置高度的增大而提高，填充墙布置高度越高，框架柱自由段的高度越小，剪跨比就越小，产生的剪力越大，从而造成短柱剪切破坏的发生，故填充墙布置高度是影响短柱破坏的重要因素。

表 4-3　边框架柱 C 破坏情况

材料	H/mm	H_{w}/H	$\Delta_{\max}/\mathrm{mm}$	箍筋应力/MPa	约束柱纵筋应力/MPa	柱顶剪切破坏情况
加气砌块	450	0.27	38	393	460	否
	650	0.39	34	398	454	否
	1000	0.60	28	405	449	否
	1150	0.69	26	410	441	否
	1300	0.78	24	418	435	否
蒸压砖	450	0.27	35	407	469	否
	650	0.39	32	414	463	否
	1000	0.60	26	422	457	否
	1150	0.69	23	459	450	是
	1300	0.78	20	542	440	是
黏土砖	450	0.27	33	410	476	否
	650	0.39	30	422	467	否
	1000	0.60	25	454	460	是
	1150	0.69	20	537	457	是
	1300	0.78	17	578	445	是

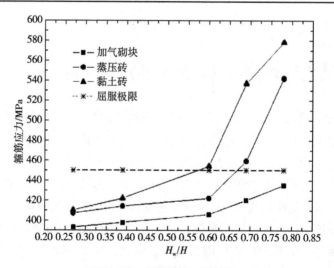

图 4-15　箍筋应力对比曲线

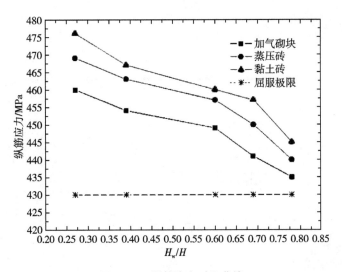

图 4-16　纵筋应力对比曲线

结构达到最大承载力时，3 种砌筑材料填充墙框架结构柱顶局部箍筋应力云图如图 4-17 所示。当 $H_w/H = 0.78$ 时，黏土砖填充墙和粉煤灰蒸压砖填充墙框架结构箍筋基本全部屈服，加气砌块填充墙框架结构仅部分箍筋屈服。另外，通过云图可见，黏土砖和蒸压砖填充墙框架结构的箍筋应力比纵筋应力大，箍筋比纵筋先屈服，加气砌块填充墙框架结构纵筋比箍筋先屈服。由此可见，黏土砖及蒸压砖填充墙引起的框架柱顶剪切破坏严重，加气砌块填充墙并未引起框架柱顶的剪切破坏。当 $H_w/H = 0.69$ 时，通过计算得到加气砌块填充墙及黏土砖填充墙框架结构钢筋应力云图，如图 4-18 所示，黏土砖填充墙框架结构柱顶箍筋基本全部屈服，发生了剪切破坏；加气砌块填充墙框架结构柱两端纵筋基本全部屈服，发生了弯曲破坏。

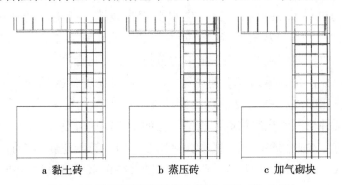

a 黏土砖　　　　　b 蒸压砖　　　　　c 加气砌块

图 4-17　柱顶局部箍筋应力云图（$H_w/H = 0.78$）

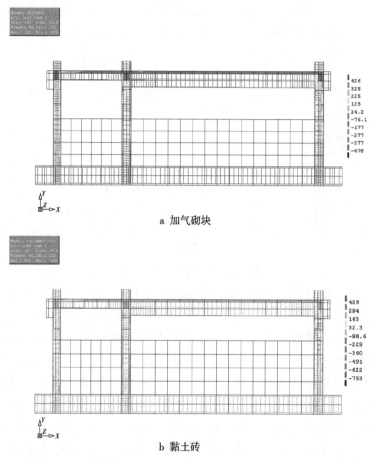

a 加气砌块

b 黏土砖

图 4-18　框架结构钢筋应力云图（$H_w/H = 0.69$，$\Delta = 30$ mm）

框架柱裂缝开展情况如图 4-19 所示。当 $H_w/H = 0.60$ 时，加气砌块填充墙框架结构边柱 C 自由段主要产生水平弯曲裂缝，产生了弯曲破坏；当 $H_w/H = 0.78$ 时，粉煤灰蒸压砖填充墙框架柱 C 自由段主要产生斜向剪切裂缝，产生了短柱剪切破坏，与钢筋应力分析结果相吻合。

通过计算，得到填充墙不同材料、不同布置高度情况框架柱 C 沿柱高水平侧移变化曲线，黏土砖及蒸压砖填充墙框架结构的结果如图 4-20 所示。通过两种材料填充墙沿高度水平侧移的变化规律可见，当结构水平侧移小于 Δ_{max} 时，水平侧移曲线沿高度变化比较均匀；随着荷载的增加，约束效应越来越大，当结构达到最大承载力后，随着柱顶水平荷载的增加，自由段水平侧移激增，黏土砖填充墙及蒸压砖填充墙与框架柱的接触位置的水平侧

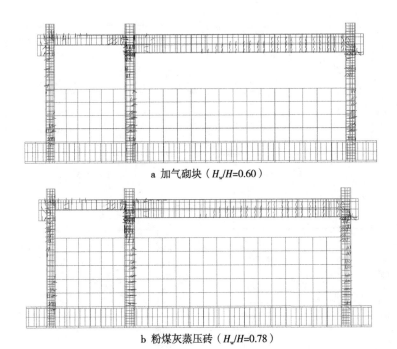

a　加气砌块（H_w/H=0.60）

b　粉煤灰蒸压砖（H_w/H=0.78）

图 4-19　框架柱裂缝开展情况

移不再发生明显变化，该处弯矩值最小，填充墙相当于框架柱的铰支撑，该位置转动约束刚度为 0，反弯点与该处重合，此时约束柱完全被填充墙约束，仅自由段柱发生较大侧移，短柱约束效应十分显著。图 4-21 为 3 种砌筑材料填充墙框架结构与纯框架结构的水平侧移对比曲线，水平侧移由大至小的顺序为：纯框架模型、加气砌块填充墙框架模型、蒸压砖填充墙框架模型、黏土砖填充墙框架模型。由此可见，填充墙对框架柱产生了明显的约束效应，约束效应与填充墙的材料密切相关，填充墙的强度越高约束效应越大，越容易发生短柱剪切破坏。图 4-22 为黏土砖填充墙框架结构在填充墙不同布置高度时水平侧移对比曲线，填充墙的布置高度越高，约束柱水平侧移越小，约束效应越大，尤其 H_w/H=0.60～0.78 时，约束效应较大，极易导致框架柱发生短柱剪切破坏。由此可见，填充墙的布置高度也是影响框架约束效应的重要因素。由上述分析可见，填充墙对框架柱产生了明显的约束效应，填充墙布置高度越大，约束效应越大，黏土砖约束效应最大，其次为蒸压砖，明显降低了纯框架柱的计算高度，从而导致框架短柱剪切破坏，与箍筋应力变化规律吻合。

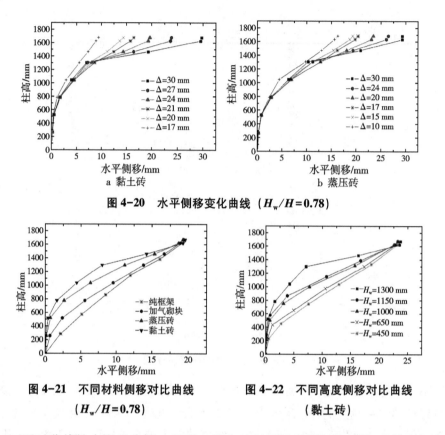

图 4-20　水平侧移变化曲线（$H_w/H = 0.78$）

图 4-21　不同材料侧移对比曲线　　图 4-22　不同高度侧移对比曲线
　　　　（$H_w/H = 0.78$）　　　　　　　　　　（黏土砖）

　　通过非线性有限元分析，得到 3 种砌筑材料填充墙框架结构下段约束柱的纵筋应力变化规律，如图 4-16 及表 4-3 所示，各个情况约束柱纵筋均屈服，但纵筋屈服点随着填充墙布置高度的增加及填充墙砌筑材料强度的增大上移，且发现约束柱纵筋的应力随着填充墙布置高度的增加有减小的趋势。纵筋应力沿柱高的变化曲线如图 4-23 所示，由图 4-23a 可见，随着填充墙布置高度的增大，框架柱的反弯点上移；由图 4-23b 可见，砌筑材料强度越高，框架柱反弯点上移越明显。上述现象与水平侧移曲线反映的结果基本一致，约束柱由于填充墙的约束效应，导致框架结构内力重新分布，框架柱反弯点上移。通过各情况下计算结果总结及分析表明，填充墙框架结构反弯点距柱顶的距离在 $0.5H \sim H'$ 范围内，当 H_w 趋近于 0 时，反弯点接近纯框架反弯点；当 H_w 趋近于 1300 时，反弯点接近 H'。通过分析可见，填充墙布置的高度较小时，约束柱底面容易产生弯曲破坏，随着填充墙布置的高度的增大，若配置足够箍筋，由于约束柱纵筋屈服位置及反弯点上移，容易导致框架结构短柱弯曲破坏，短柱弯曲破坏尽管不如短柱剪切破坏危害大，但同样会降低框架结构的抗震性能。

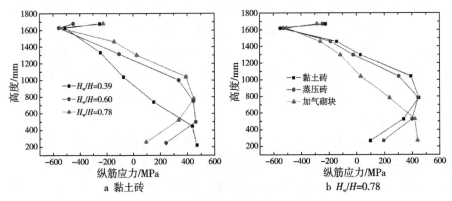

图 4-23　纵筋应力沿柱高变化曲线

通过开通窗填充墙框架结构有限元分析表明，填充墙的布置高度及砌筑材料是影响短柱破坏的主要因素。黏土砖填充墙对框架结构的约束效应过大，当布置高度为框架柱的半高以上时，极易导致框架结构短柱剪切及弯曲破坏的发生，故在部分布置填充墙框架结构中黏土砖砌体不应采用。加气砌块填充墙对框架柱的约束效应最小，只要控制填充墙的布置高度不过高，方可避免短柱剪切破坏的发生。粉煤灰蒸压砖填充墙对框架柱的约束效应不如黏土砖大，但是当填充墙布置高度 $H_w/H>0.60$ 时，同样容易引起框架短柱剪切及弯曲破坏。因此，为了使框架结构具有良好的抗震能力，对于可能导致短柱剪切破坏的结构，需考虑采取箍筋加密等构造措施，采用轻质砌块可有效避免短柱剪切破坏的发生；对于可能导致短柱弯曲破坏的结构，需考虑提高柱端弯矩增大系数。

4.6　短柱破坏判别公式与有限元结果对比

通过对填充墙框架结构中的短柱破坏的试验研究、理论及有限元分析可见，填充墙的约束效应导致了框架结构短柱破坏现象的发生，填充墙的砌筑材料和布置高度是主要影响因素。根据理论公式（4-12），对有限元分析中的填充墙框架结构模型进行计算，计算结果如表 4-4 所示，通过计算结果与有限元分析得到的箍筋应力结果对比可见，粉煤灰蒸压砖和黏土砖填充墙的计算结果吻合较好，加气砌块填充墙采用公式的计算结果比数值模拟结果偏于保守。当加气砌块填充墙布置高度为 1150 mm 及 1300 mm 时，有限元分析结果箍筋未屈服，但接近屈服，而理论公式判别结果为发生短柱剪切破坏，不完全吻合。理论公式计算结果与有限元计算结果不完全吻合的原因主要包括 3 个方面，一是式（4-12）中线性变形的假定，忽视了竖向荷载及偏心等影响存在的误差；二是假定反弯点位于自由段柱中点引起的误差，有限元分析表明反弯点随填充墙的高度及砌筑材料性能变化；三是有限元模型简化存在的误差。

通过上述对比分析可见，理论公式的计算结果与有限元分析结果尽管存在一定误差，但是与有限元计算结果基本吻合，验证了有限元分析结果的可靠性及本书所建立的填充墙引起的短柱破坏判别公式的可行性，按照式（4-12）进行判别偏于安全。

表 4-4　理论公式与有限元计算结果对比

材料	H_w/mm	H_w/H	H'/mm	$k_{cw}/k_c{}'$	$\dfrac{H \cdot H'}{4H_w h_0} - 1$	短柱破坏情况	是否吻合
加气砌块	1000	0.60	675	0.43	0.57	否	是
	1150	0.69	525	0.17	0.06	是	否
	1300	0.78	375	0.06	−0.33	是	否（几乎）
粉煤灰蒸压砖	1000	0.60	675	0.54	0.57	否	是
	1150	0.69	525	0.25	0.06	是	是
	1300	0.78	375	0.09	−0.33	是	是
黏土砖	1000	0.60	675	0.63	0.57	是	是
	1150	0.69	525	0.29	0.06	是	是
	1300	0.78	375	0.12	−0.33	是	是

4.7　小结

本章基于填充墙框架结构伪静力试验结果，通过对开通窗填充墙框架结构的理论分析及非线性有限元数值模拟，可以得到如下结论。

①部分布置填充墙可以提高框架结构的强度、刚度，而降低框架结构的延性。填充墙的刚度主要与弹性模量及填充墙布置高度有关，根据有限元计算结果，拟合出部分高约束填充墙刚度的计算公式。填充墙与框架结构的界面刚度对框架结构的承载力及刚度影响不明显，但会降低框架结构的延性及变形性能，框架结构与填充墙间宜采用柔性连接。

②填充墙的布置高度及砌筑材料性能是导致框架结构发生短柱破坏的重要因素，填充墙布置越高，填充墙材料强度越大，对框架柱的约束效应越大，则框架柱的剪力越大，箍筋越容易屈服，从而导致短柱剪切脆性破坏。

③黏土砖填充墙对框架结构的约束效应过大，极易导致框架短柱破坏，实际工程不建议采用；加气砌块填充墙对框架柱的约束效应较小，控制填充墙的布置高度 $H_w/H \leqslant 0.69$，即可避免短柱剪切破坏的发生，与伪静力试验吻合。粉煤灰蒸压砖填充墙对框架柱的约束效应不如黏土砖大，但是当填充墙布置高度 $H_w/H > 0.60$ 时，会引起短柱剪切破坏。由此可见，为避免短柱破坏发生，尽量选择轻质砌筑材料。

④部分布置填充墙不但容易引起短柱剪切破坏，当填充墙强度及刚度较大时，还会引起短柱弯曲破坏。框架柱由于填充墙的作用，导致框架柱反弯点上移，填充墙约束效应越大，反弯点上移程度越大，同时，约束段柱纵筋屈服点上移，从而导致短柱弯曲破坏。

⑤通过短柱破坏机制分析，提出采用填充墙与框架柱刚度比判别短柱破坏的公式，通过有限元模拟结果与推导的公式结果对比可见，该理论公式对框架短柱破坏的判别是可行的。

第5章 "强柱弱梁"破坏机制研究

5.1 引言

汶川地震中,漩口中学教学综合楼未产生设计预期的"强柱弱梁"破坏机制,倒塌非常严重。RC框架结构的抗倒塌能力与结构的屈服机制密切相关,框架梁先屈服可以使结构有较大的内力重分布和能量耗散能力,如果塑性铰在柱中出现,结构形成可变体系,很容易倒塌。通过本书双不等跨填充墙框架结构伪静力试验研究结果可见,结构倒塌与结构的布置特点、填充墙及楼板的作用有直接关系。国内外的研究资料表明,现浇楼板对框架梁的增强作用,对框架结构的抗震性能及倒塌模式均有显著影响,是影响结构"强柱弱梁"破坏机制的主要原因。

目前,楼板对"强柱弱梁"破坏机制影响的试验研究主要集中于楼板对框架梁的贡献方面,通常以框架梁板柱节点为研究对象,试图从改变柱端弯矩增大系数及考虑梁柱端楼板翼缘宽度和配筋来解决问题。本书将从如何避免楼板对框架梁的贡献的角度出发,提出现浇楼板四角与梁柱有限断开的措施,依据现行规范设计并制作了两个2×2跨、1/5缩尺的4层填充墙RC框架结构试验模型,包括普通楼板和四角与梁柱端有限断开楼板。试验模型结构平面横向布置为两不等跨,纵向为两等跨。通过两模型的地震模拟振动台对比试验,分析了填充墙及现浇楼板对框架结构的破坏模式及抗倒塌能力的影响,重点研究了现浇楼板对框架结构破坏机制的影响,验证现浇楼板四角与梁柱有限断开的措施对框架结构"强柱弱梁"破坏模式的控制效果及抗倒塌能力的影响。

5.2 试验概况

5.2.1 试验模型设计

汶川地震中，漩口中学教学楼震害十分严重，部分已倒塌。倒塌的教学楼横向平面布置的突出特点是两不等跨框架结构，跨差较大，抗倒塌能力较差。本试验为进一步验证双不等跨框架结构的震害原因，按照现行规范，通过 PKPM 软件设计了一个 4 层 RC 框架结构，纵向两跨跨度均为 4.5 m，横向两跨跨度分别为 6 m 和 3 m；柱截面 400 mm×400 mm，梁截面 200 mm×450 mm，板厚 150 mm；底层层高 3.9 m，上部层高 3 m；混凝土为 C30，梁柱钢筋 HRB335，梁柱箍筋、楼板钢筋 HPB300；混凝土空心砌块强度等级 MU5，砂浆 Mb5。该结构设计地震分组第一组，抗震设防烈度 7 度（0.1 g），场地类别 II 类，混凝土框架抗震等级三级。

以上述设计的结构为原型，1/5 缩尺，依据相似关系制作了两个可对比的填充墙框架结构试验模型，分别为普通楼板模型和四角与梁柱端有限断开楼板模型，同时放在台面上进行地震模拟试验。试验模型采用微粒混凝土和 Q235 镀锌铁丝浇筑而成，填充墙采用 MU5 混凝土空心砌块、Mb5 混合砂浆砌筑。钢筋按照承载力相似原则对模型进行了配筋设计，尽管很难达到按相似比所要求的理想材料属性，但基本能够准确预测原型的动力响应。两模型除楼板有所区别，截面尺寸及配筋等完全相同，模型楼板实物如图 5-1 所示，两模型楼板平面布置如图 5-2 所示，模型建筑平面如图 5-3 及图 5-4 所示，配筋如图 5-5 及图 5-6 所示。

a 模型 A   b 模型 B

图 5-1　试验模型实物图

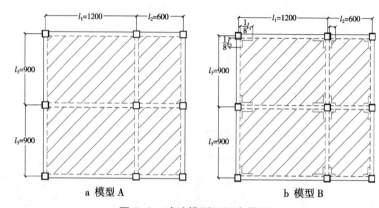

a 模型 A   b 模型 B

图 5-2　试验模型平面布置图

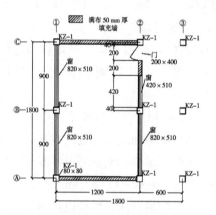

图 5-3　1 层平面图

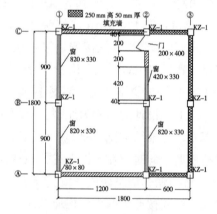

图 5-4　2~4 层平面图

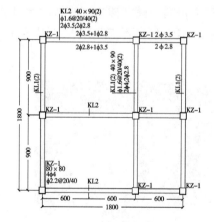

图 5-5　1~4 层梁柱配筋图

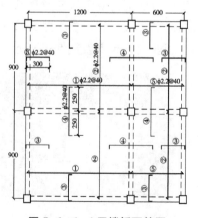

图 5-6　1~4 层楼板配筋图

缩尺模型与原型的相似关系根据地震模拟试验一致相似率推导而得，如表 5-1 所示。其中，$\bar{\rho}_r$ 为等效质量密度，m_m 为模型结构构件质量，m_a 为人工质量，m_{om} 为模型中活载和非结构构件的模拟质量，l_r 为长度相似比，m_p 为原型结构构件质量，m_{op} 为原型结构活载和非结构构件质量。试验模型采用满人工质量模型，每个模型施加 5.7 t 的人工质量。

表 5-1 相似关系

物理量	相似关系	计算结果
长度	l_r	0.20
弹性模量	E_r	0.58
等效密度	$\bar{\rho} = \dfrac{m_m + m_a + m_{om}}{l_r^3(m_p + m_{op})}$	2.92
应力	E_r	0.58
时间	$l_r\sqrt{\bar{\rho}_r/E_r}$	0.45
变位	l_r	0.20
速度	$\sqrt{E_r/\bar{\rho}_r}$	0.45
加速度	$E_r/(l_r\bar{\rho}_r)$	1.00
频率	$\sqrt{E_r/\bar{\rho}_r}/l_r$	2.24

5.2.2 试验模型制作

试验模型所有梁、板、柱钢筋混凝土构件全部采用现浇制作，经历了钢筋绑扎、支模、混凝土浇筑及填充墙砌筑等过程，柱与填充墙连接处设有拉结筋（按照规范要求进行相似设置）。试验模型的制作过程如图 5-7 至图 5-10 所示。

a 钢筋绑扎　　　　　　　　b 混凝土浇筑

图 5-7 地梁制作

a 钢筋绑扎

b 梁柱支模

模型 A 模型 B

c 混凝土浇筑

d 框架制作完毕

图 5-8　框架结构的制作

图 5-9 填充墙砌筑

图 5-10 模型制作完成

5.2.3 模型材性试验

在模型制作过程中,预留了 3 组 150 mm×150 mm×150 mm 的混凝土立方体试块、2 组 70.7 mm×70.7 mm×70.7 mm 的砂浆试块及 2 组砌体试块,与模型同时养护。通过材性试验,实测得到各材料的属性,混凝土轴心抗压强度平均值为 10.25 MPa,弹性模量为 18 400 MPa,砌体轴心抗压强度平均值为 1.81 MPa,砂浆轴心抗压强度平均值为 3.49 MPa。

a 混凝土　　　　　　b 砂浆　　　　　　c 砌体

图 5-11　材性试验

5.2.4　试验量测及加载方案

本试验在中国地震局工程力学研究所地震模拟试验室完成，试验室为电液伺服三向振动台，台面尺寸为 5.0 m×5.0 m，振动台的主要参数如表 5-2 所示，该振动台可以模拟正弦波、正弦扫频波、人造地震波和实测地震波。试验数据的采集系统主要由太平洋数据采集系统来完成，同时使用 SigLab 数据采集器辅助采集。

表 5-2　振动台系统参数

1	台面工作区尺寸	5.0 m×5.0 m
2	最大承载力	30 t
3	最大倾覆力矩	75 t · m
4	满载水平最大加速度	10.0 m/s^2
5	满载竖向最大加速度	7.0 m/s^2
6	单向最大速度	0.60 m/s
7	三向最大速度	0.30 m/s
8	水平最大位移	±0.08 m
9	竖向最大位移	±0.05 m

5.2.5　传感器布置位置及布置原则

为了实测模型的加速度及位移响应，试验模型各层分别布置了加速度传感器及位移传感器。位移传感器布置情况为：台面设 1 个测点，放置 3 个位移传感器，用于测量水平及竖向位移；两模型各层各设 2 处测点，A 测点放置 3 个位移传感器，用于测量水平及竖向位移，B 测点放置 1 个位移传感器用于测量扭转位移，共计 33 个位移传感器，如图 5-12 所示。加速度传感器布置情况为：台面设 1 个测点，放置 3 个加速度传感器，用于测量水平及竖向加速度；两模型各层楼板中央设 1 处测点，放置 3 个加速度传感器，共计 27 个加速度传感器，如图 5-13 所示。

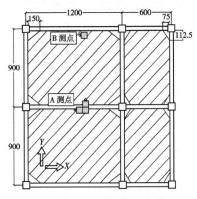 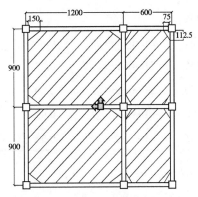

图 5-12　位移传感器布置示意图　　　图 5-13　加速度传感器布置示意图

　　由于原型结构按 II 类场地设计，所以选取 2 条 II 类场地地震加速度时程记录，分别为 1940 年美国 Imperial 山谷地震 EL-Centro 波和 2008 年中国汶川地震卧龙波作为输入地震动进行试验，地震波需按时间相似比进行压缩。试验工况分破坏模式工况及倒塌工况，分别采用单向地震动输入及三向地震动输入。由于结构按 7 度 (0.1 g) 设防，故试验 PGA 调整为《建筑抗震设计规范》中 7 度小、中、大震及更高加速度峰值进行输入，地震动输入工况如表 5-3 所示，在 T1 工况前、T9 工况前及 T11 工况前进行了白噪声扫描工况。

表 5-3　地震动输入工况

工况	地震记录	输入 PGA	备注
T1	EL-Centro 波	0.035 g	单向 (X) 输入，相当于 7 度小震
T2	卧龙波	0.035 g	
T3	EL-Centro 波	0.1 g	单向 (X) 输入，相当于 7 度中震
T4	卧龙波	0.1 g	

续表

工况	地震记录	输入 PGA	备注
T5	EL-Centro 波	0.18 g	单向（X）输入，相当于 7 度大震
T6	卧龙波	0.22 g	
T7	EL-Centro 波	0.26 g	单向（X）输入，相当于 8 度半中震
T8	卧龙波	0.3 g	
T9	EL-Centro 波	0.36 g	单向（X）输入，相当于 8 度大震
T10	卧龙波	0.4 g	
T11	EL-Centro 波	0.06 g	三向输入，相当于 7 度中震
T12	EL-Centro 波	0.25 g	三向输入，相当于 7 度大震
T13	EL-Centro 波	0.39 g	三向输入，相当于 8 度大震
T14	EL-Centro 波	0.45 g	三向输入，相当于 9 度大震
T15	EL-Centro 波	0.33 g	三向输入，倒塌

5.3 试验现象及分析

5.3.1 试验过程及现象

试验按照从小到大的顺序逐级输入地震动，直至模型破坏并倒塌。在每次地震动输入后，观察结构出现裂缝的位置、时刻，并记录裂缝形状便于对结构破坏的模式进行分析。试验过程中，记录模型 A 单向地震动的开裂情况记录、模型 B 单向地震动的开裂情况、三向地震动的开裂情况，每级地震动加载的试验过程及现象总结如下。

（1）工况 T1~T4（单向 0.035 g~0.1 g）

前 4 个工况，即 7 度小震及 7 度中震，两模型未出现肉眼可观测裂缝，结构没有明显变化。

（2）工况 T5（单向 0.18 g EL-Centro 波）

模型 A：填充墙与框架梁柱连接位置出现明显的水平及竖向界面微裂缝，C 轴满布填充墙 3 层一侧顶角，沿灰缝出现 45°斜裂缝，如图 5-14 所示；①轴 A 柱顶产生一条水平弯曲裂缝，③轴 3 层 C 柱顶出现一条水平裂缝，如图 5-15 所示。

模型 B：填充墙除出现一条干缩竖向微裂缝，无其他明显裂缝产生。

图 5-14　模型 A 填充墙开裂情况　　　　图 5-15　模型 A 框架柱顶
开裂情况

（3）工况 T6（单向 0.22 g 卧龙波）

模型 A：墙—框界面裂缝增多，尤其水平裂缝几乎层层出现，底层及 2 层满布墙角部出现 45°斜裂缝，半高布填充墙局部出现滑移斜裂缝，如图 5-16 所示。

模型 B：填充墙与框架间出现水平及竖向界面裂缝，如图 5-17 所示；①②轴间框架梁 C 端出现裂缝，如图 5-18 所示。

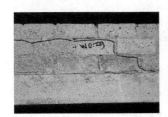  

图 5-16　模型 A 填充墙　　图 5-17　模型 B 墙—　图 5-18　模型 B 梁端裂缝
斜裂缝　　　　　　　框界面裂缝

（4）工况 T7（单向 0.26 g EL-Centro 波）

模型 A：地震动作用时墙—框界面明显分离，填充墙裂缝不断延伸增加；③轴 A 柱底层及 2 层局部半高墙交接处出现若干条水平裂缝，如图 5-21 所示；①轴及②轴底层 A 柱顶由于填充墙的约束作用均产生剪切斜裂缝，如图 5-19 所示。

图 5-19　模型 A 柱顶斜裂缝

图 5-20　模型 B 柱顶斜裂缝

　　模型 B：墙—框界面裂缝增多，①②轴间 BC 跨满布填充墙 2 层及 3 层产生 45°斜裂缝，另一侧满布填充墙底层底角出现斜裂缝；①轴 2 层 C 柱顶出现斜裂缝，如图 5-20 所示，③轴 2 层及 3 层部分边柱及中柱半高墙交界处均出现水平裂缝，如图 5-21 所示。

图 5-21　模型 A、B 柱顶及柱中裂缝

　　（5）工况 T8（单向 0.3 g 卧龙波）

　　模型 A：BC 跨满布填充墙底层局部顶角块材压碎，破坏严重甚至脱落，如图 5-22 所示；①轴及②轴 C 柱顶出现水平裂缝，开裂情况如图 5-22 所示；①轴 A 柱梁端产生竖向裂缝，如图 5-24 所示。

　　模型 B：①②轴间 BC 跨满布填充墙 2 层角部抹灰脱落，砌体压碎，如图 5-25 所示；①②轴间框架梁 C 端原斜裂缝开展明显，抹灰轻微脱落，如图 5-26 所示；①轴 C 柱顶出现水平裂缝，如图 5-23 所示。

图 5-22　模型 A 砌块脱落　　　　图 5-23　模型 B 柱顶裂缝

图 5-24　模型 A 梁　　图 5-25　模型 B 墙角部压碎　　图 5-26　模型 B 框架梁裂缝
　　端裂缝

（6）工况 T9（单向 0.36 g EL-Centro 波）

模型 A：填充墙斜裂缝不断增加，大量裂缝贯通延伸，如图 5-27 所示，局部继续出现砌块压碎脱落；框架柱端裂缝明显增多，①轴及②轴底层 A 柱顶剪切开裂严重，混凝土压酥，如图 5-30 所示；①轴底层角柱水平裂缝增加，二层柱顶侧面出现剪切斜裂缝，BC 跨梁 C 端出现一条裂缝，如图 5-31 所示。

图 5-27　模型 A 墙　　图 5-28　模型 B 墙　　图 5-29　模型 B 墙
　　裂缝贯通　　　　　　角部破坏　　　　　　斜裂缝

模型 B：填充墙角部开裂，局部压碎脱落，破坏严重，如图 5-28 所示，满布填充墙对角斜裂缝增多，如图 5-29 所示；①轴底层 A 柱节点柱顶及梁端均产生裂缝，如图 5-32 所示，③轴 3 层中柱顶出现水平裂缝。

图 5-30　模型 A 中柱　　　图 5-31　模型 A 节点　　　图 5-32　模型 B 节点

顶斜裂缝　　　　　　　　梁柱开裂　　　　　　　梁柱开裂

（7）工况 T10（单向 0.4 g 卧龙波）

模型 A：填充墙裂缝不断延伸开展，半高填充墙裂缝明显增多并不断延伸，如图 5-33 所示；填充墙总体破坏严重基本退出工作，整个模型在地震动下变形较大，底层柱顶原有斜裂缝处剪切破坏严重，2 层角柱顶出现新的斜裂缝。

模型 B：满布填充墙墙角破坏严重，框架裂缝增多，模型 B 梁端裂缝明显多于模型 A，①轴底层 BC 跨梁端出现竖向界面裂缝，如图 5-34 所示；②轴 C 柱由于填充墙的约束作用也出现微斜裂缝。

此工况单向加载结束，模型 A 底层各柱顶基本开裂，整个模型破坏较严重，而模型 B 破坏不严重。

（8）工况 T11（三向 0.06 g EL-Centro 波）

两模型无明显变化。模型 A 的 A 轴及 C 轴底层各 3 根柱顶基本破坏，B 轴柱无明显破坏，整个模型破坏较严重。

（9）工况 T12（三向 0.25 g EL-Centro 波）

模型 A：2 层两端及柱顶有明显裂缝产生，柱底局部有水平裂缝产生，梁跨中出现了新的裂缝，柱两端裂缝大量增加，如图 5-35 所示。

模型 B：半高填充墙与框架连接面出现若干水平及竖向界面裂缝，半高墙处框架柱裂缝增多，如图 5-36a 所示；①轴底层 C 柱顶出现新的水平裂缝，柱顶剪切斜裂缝不断开展，墙—框分离，如图 5-36c 所示；②轴 2 层 C 柱由于填充墙的约束作用也出现新的斜裂缝，如图 5-36b 所示。

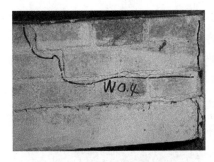 

图 5-33 模型 A 半高填充墙裂缝　　图 5-34 模型 B 梁端界面开裂

a 柱底裂缝　　　　　　　　　b 梁柱裂缝

图 5-35 模型 A 梁柱开裂情况

a 短柱裂缝　　　b 填充墙约束柱顶斜裂缝　　　c 墙—框分离

图 5-36 模型 B 梁柱开裂情况

（10）工况 T13（三向 0.39 g EL-Centro 波）

模型 A：底层满布填充墙与框架几乎完全分离，柱底裂缝增多，梁柱节点破坏严重，底层框架柱倾斜，结构整体即将倒塌，局部破坏情况如图 5-37 所示；模型的整体破坏情况如图 5-39 所示。

模型 B：框架梁柱端裂缝明显增多，①轴底层 C 柱顶出现新的水平裂缝，如图 5-38a 所示；①轴底层 A 柱顶出现明显斜裂缝，如图 5-38b 所示；①②轴间 2 层框架梁 A 端出现竖向裂缝，如图 5-38c 所示；模型的整体破坏情况如图 5-39 所示。

a ①轴底层 A 柱节点

b ①轴底层 B 柱底

c ②轴底层 A 柱节点

d ①轴底层 C 柱节点

图 5-37　模型 A 破坏情况

a ①轴底层 C 柱节点

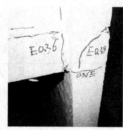

b ①轴底层 A 柱节点

c ①②轴间 2 层 A 柱节点

图 5-38　模型 B 破坏情况

综上，模型 A 濒临倒塌，而模型 B 尚未完全破坏，形成了鲜明的对比。此工况结束，模型 A 传感器撤除。

图 5-39 濒临倒塌的模型 A（左）和尚未完全破坏的
模型 B（右）的整体破坏情况

（11）工况 T14 及工况 T15（三向 0.45 g EL-Centro 波 及 0.33 g EL-Centro 波）

模型 A：彻底倒塌，倒塌情况如图 5-40（右）所示，Y 向填充墙主要为半高布置，整体刚度比 X 向弱，故结构整体向 Y 向倒塌，框架柱顶及半高填充墙连接处均断裂，产生了短柱效应；结构 X 向为不等跨，大跨满布填充墙竖向荷载大，短跨自重小，结构底层③轴 C 柱及②轴 C 柱向短跨方向倾斜，①轴 C 柱向长跨方向倾斜，结构出现向教室侧层叠式倒塌。

模型 B：1 层、2 层梁端、柱端及半高布墙柱中部均开裂，3 层部分梁柱端开裂，结构破坏严重，但依然稳稳站立，结构并未倒塌，如图 5-40（左）所示。

图 5-40 尚未完全破坏的模型 B（左）和已经倒塌的模型 A（右）的整体破坏情况

5.3.2 试验现象分析

两试验模型均大致经历了如下几个过程：填充墙开裂、框架梁柱开裂、填充墙破坏、框架梁柱破坏及最终倒塌。地震波峰值强度较小时，荷载主要由填充墙承担，填充墙先达到破坏；随着地震动的增大，填充墙基本退出工作，框架梁柱水平弯曲及斜向扭剪裂缝明显增多，荷载主要由框架承担，最终由于框架柱屈服破坏，导致结构的倒塌，整个破坏过程与伪静力试验结果一致。尽管两模型的破坏过程基本相同，但破坏模式及程度有很大的差别，下面通过如下几个方面进行分析。

（1）填充墙的破坏情况

从填充墙的破坏情况看，两模型基本一致，填充墙都出现了明显的墙—框界面裂缝及斜裂缝，角部破坏严重。填充墙块材强度相对较高，填充墙的开裂及破坏主要沿灰缝出现。模型 A 在工况 T7 开始出现填充墙顶角破坏砌块脱落现象，而模型 B 在工况 T9 才开始出现此现象，模型 A 填充墙的破坏先于模型 B 的破坏。

从填充墙的影响看，填充墙提高了结构的整体刚度，X 向布置有满布填充墙，Y 向主要为部分高布置填充墙，X 向刚度大于 Y 向刚度，模型整体向 Y 向发生倒塌；同时，填充墙对框架结构产生了斜撑作用及约束效应，满布填充墙导致柱顶发生剪切破坏，部分高布置填充墙导致框架结构发生短柱破坏，两模型框架柱最终都形成了"火腿肠"式破坏模式，与伪静力试验现象吻合。部分布置填充墙的高度分别为 250 mm 及 180 mm，填充墙高度与框架柱高度之比分别为 0.49 和 0.35，两种布置情况均未产生短柱剪切破坏，与第 4 章分析结果吻合，但发生了短柱弯曲破坏。模型 B 最终加载至倒塌，其倾斜及倒塌情况与模型 A 基本相同，从结构纵向整体向 Y 向层叠式倒塌；从结构横向的倒塌趋势看，模型底层框架柱先向短跨侧倾斜并倒塌，2 层以上结构整体向长跨外侧逐层坍塌，此倒塌特点与漩口中学教学楼倒塌震害一致，与填充墙框架结构伪静力试验破坏模式分析结果基本吻合。

（2）RC 框架结构的破坏情况

从模型的开裂情况看，在整个试验过程中，模型 A 主要是柱端或者柱中开裂，梁端出现很少裂缝，结构最后由于柱子的严重破坏而倒塌，为典型

的 "强梁弱柱" 式失效破坏模式；模型 B 框架梁柱端均明显开裂，尤其大震作用时，梁柱端裂缝均明显不断增多，当结构达到破坏时，1 层和 2 层梁柱端均开裂，且局部节点出现梁端开裂但柱端并未开裂的情况。由此可见，现行抗震规范尽管加强了实现 "强柱弱梁" 破坏机制的规定，对柱端弯矩增大系数进行了调整，但效果并不显著，框架结构仍然产生了明显的柱铰机制。然而，模型 B 楼板四角与梁柱端有限断开后，明显改变了框架结构的开裂模式，降低了框架梁的承载力，有效实现了弱梁的设计概念。由此可见，框架结构能否实现 "强柱弱梁" 破坏机制，现浇楼板是起决定性作用的关键因素。

从结构整体破坏情况看，模型 A 框架柱端的破坏明显比模型 B 破坏严重，尤其大震时，两模型的破坏模式差距越来越大。模型 A 中形成的基本是底层柱铰，而模型 B 尽管最终框架柱的破坏比框架梁严重，但是出现了大量的梁铰。模型 B 的塑性铰数目远多于模型 A 的塑性铰数目，模型 B 结构的延性很好，最终模型 A 已倒塌而模型 B 尚未完全破坏，形成了鲜明的对比。由此可见，避免楼板对框架梁的贡献，可以有效提高框架结构在强烈地震作用下的抗震能力。

总之，楼板四角与梁柱端有限断开的措施改变了框架结构的破坏模式，有效延迟框架柱的破坏，提高了框架结构的变形能力，有利于实现结构 "大震不倒" 的设防目标。

5.4 试验数据及分析

5.4.1 结构动力特性

整个试验过程，3 次采用白噪声对结构模型进行扫频试验，分别为加载前、单向工况 T8（卧龙波 0.3 g）后及单向工况 T10（卧龙波 0.4 g）后。通过对各加速度测点频谱特性进行分析，得到模型结构在不同水准地震激励前后的反应加速度功率谱，如图 5-41 至图 5-43 所示。

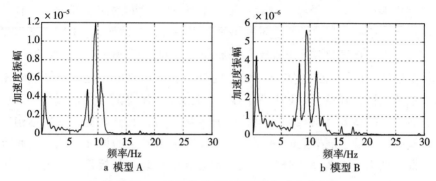

图 5-41　工况开始前顶层平滑后加速度功率谱

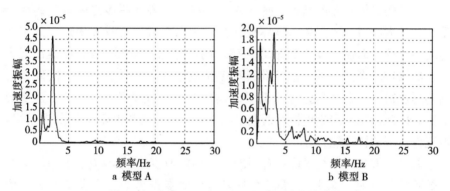

图 5-42　工况 T8 后顶层平滑后加速度功率谱

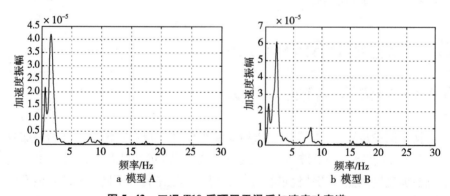

图 5-43　工况 T10 后顶层平滑后加速度功率谱

通过计算，得到模型的基本频率，并通过频率衰减情况来计算结构等效刚度的衰减情况及阻尼比的变化情况，计算结果如表 5-4 所示。

表 5-4 模型结构基本频率变化

工况	方向	模型	频率/Hz	周期/s	频率衰减情况	等效刚度衰减情况	阻尼比
工况 T1 前	X 向	模型 A	9.60	0.104	100%	100%	0.023
		模型 B	9.37	0.107	100%	100%	0.022
工况 T8 后	X 向	模型 A	2.25	0.444	23%	5%	0.169
		模型 B	2.99	0.334	32%	10%	0.246
工况 T10 后	X 向	模型 A	1.55	0.645	16%	3%	0.218
		模型 B	2.03	0.493	22%	5%	0.229

由表 5-4 可见，初始状态时，模型 B 由于楼板四角与梁柱有限断开，框架梁柱失去了楼板的约束作用，整体刚度、自振频率及阻尼比略低于模型 A；随着地震动的增加，模型的破坏越来越严重，两模型的刚度明显衰减，阻尼比呈上升趋势；由于模型 B 抗震性能较模型 A 好，损伤较轻，刚度退化较慢，故工况 T8 及工况 T9 后，模型 B 自振频率反而高于模型 A；工况 T8 后，由于两模型出现了较多裂缝，结构进入塑性阶段，两模型的频率、刚度及阻尼比变化较小。由此可见，楼板四角与梁柱端断开略降低了框架结构的基频、刚度及阻尼比，而使结构频率及刚度衰减减慢，故楼板四角与梁柱有限断开模型的损伤小于普通楼板模型，与试验现象吻合。

5.4.2 结构加速度反应

通过试验数据处理，得到 EL-Centro 波及卧龙波在不同工况地震动作用下两模型 X 向各测点加速度反应峰值及加速度放大系数，如表 5-5 所示。两模型加速度时程对比曲线如图 5-44 至图 5-49 所示，峰值加速度包络图如图 5-50 至图 5-53 所示。

通过加速度峰值对比可见，工况 T10 前，模型 B 的峰值加速度普遍小于模型 A，模型 A 的加速度放大系数大于模型 B。由此可见，此阶段，四角与梁柱端有限断开楼板对框架结构起到了很好的减振作用。随着地震作用的增加，模型 A 的开裂程度越来越大，破坏明显比模型 B 严重。因此，从工况 T10 后，模型 A 的加速度峰值开始小于模型 B。

通过加速度放大系数对比可见，两模型的加速度放大系数在工况 T4 输入前处于上升趋势，后进入下降趋势；模型在工况 T4 前结构处于弹性工作阶段，刚度退化不明显，加速度放大系数基本呈线性变化。工况 T4 后，填充墙开始出现裂缝，加速度放大系数开始减小；当工况 T10 时，填充墙破坏非常严重，基本退出工作，加速度放大系数显著降低；由此可见，填充墙对框架结构的刚度影响较大。工况 T11 后，三向输入地震动，填充墙退出工作，荷载主要由框架承担，放大系数缓慢变化。当工况 T12 时，加速度放大系数为三向地震动作用的最大值，从此工况开始，结构出现明显的 2 层及 3 层加速度放大系数滞后于 1 层的现象，如图 5-51 所示，该现象由于底层框架柱破坏严重，地震力不容易传至结构上部。当工况 T13 时，模型 A 的加速度放大系数没有明显变化，结构破坏非常严重并倾斜，结构已不再能承受地震动的作用，濒临倒塌。然而，工况 T13 后，模型 B 的加速度放大系数继续缓慢降低，刚度继续退化；当工况 T15 时，加速度放大系数不再明显降低，框架底部 3 层梁端及柱端基本开裂，结构破坏较严重。

表 5-5　各层加速度反应峰值及放大系数

工况	台面输入 PGA/g	模型	1 层 峰值/g	2 层 峰值/g	3 层 峰值/g	4 层 峰值/g	顶层放 大系数
T1	0.035 （单向 EL-Centro）	A	0.041	0.052	0.065	0.079	2.10
		B	0.048	0.045	0.054	0.061	1.60
T2	0.035 （单向卧龙）	A	0.037	0.045	0.056	0.069	2.91
		B	0.034	0.040	0.052	0.061	1.56
T3	0.1 （单向 EL-Centro）	A	0.095	0.018	0.133	0.158	1.94
		B	0.099	0.104	0.127	0.140	1.72
T4	0.1 （单向卧龙）	A	0.145	0.200	0.273	0.355	4.04
		B	0.157	0.199	0.261	0.324	3.69
T5	0.18 （单向 EL-Centro）	A	0.238	0.325	0.380	0.536	3.16
		B	0.195	0.226	0.282	0.378	2.23
T6	0.22 （单向卧龙）	A	0.224	0.356	0.458	0.609	2.69
		B	0.283	0.337	0.443	0.597	2.64

续表

工况	台面输入 PGA/g	模型	1层 峰值/g	2层 峰值/g	3层 峰值/g	4层 峰值/g	顶层放 大系数
T7	0.26 （单向 EL-Centro）	A	0.409	0.483	0.617	0.932	3.68
		B	0.350	0.374	0.419	0.645	2.55
T8	0.3 （单向卧龙）	A	0.291	0.381	0.479	0.647	2.18
		B	0.318	0.326	0.367	0.491	1.65
T9	0.36 （单向 EL-Centro）	A	0.498	0.558	0.722	1.080	3.27
		B	0.415	0.505	0.558	0.886	2.68
T10	0.4 （单向卧龙）	A	0.361	0.359	0.512	0.660	1.72
		B	0.378	0.362	0.417	0.696	1.81
T11	0.06 （三向 EL-Centro）	A	0.06	0.06	0.062	0.063	0.98
		B	0.083	0.082	0.094	0.122	1.74
T12	0.25 （三向 EL-Centro）	A	0.271	0.256	0.245	0.319	1.46
		B	0.379	0.319	0.384	0.549	2.50
T13	0.39 （三向 EL-Centro）	A	0.277	0.325	0.365	0.423	1.44
		B	0.398	0.358	0.409	0.632	2.16
T14	0.45 （三向 EL-Centro）	B	0.476	0.386	0.455	0.769	1.68
T15	0.33 （三向 EL-Centro）	B	0.319	0.326	0.351	0.454	1.36

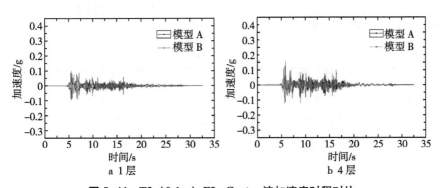

图 5-44 T3（0.1 g）EL-Centro 波加速度时程对比

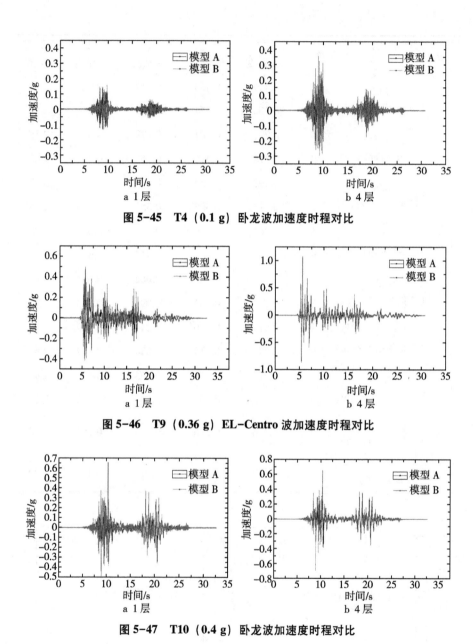

图 5-45　T4（0.1 g）卧龙波加速度时程对比

图 5-46　T9（0.36 g）EL-Centro 波加速度时程对比

图 5-47　T10（0.4 g）卧龙波加速度时程对比

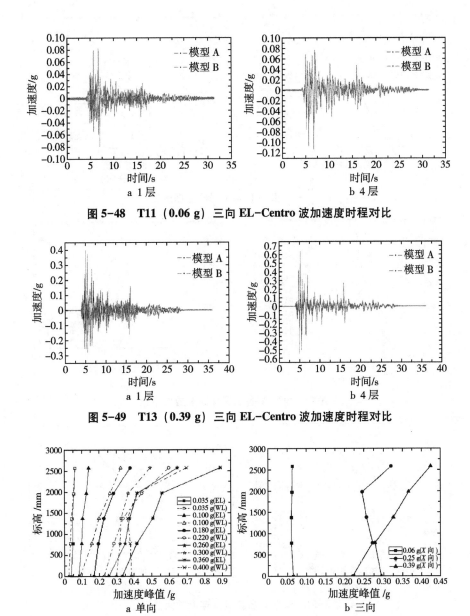

图 5-48 T11（0.06 g）三向 EL-Centro 波加速度时程对比

图 5-49 T13（0.39 g）三向 EL-Centro 波加速度时程对比

图 5-50 模型 A 各工况峰值加速度

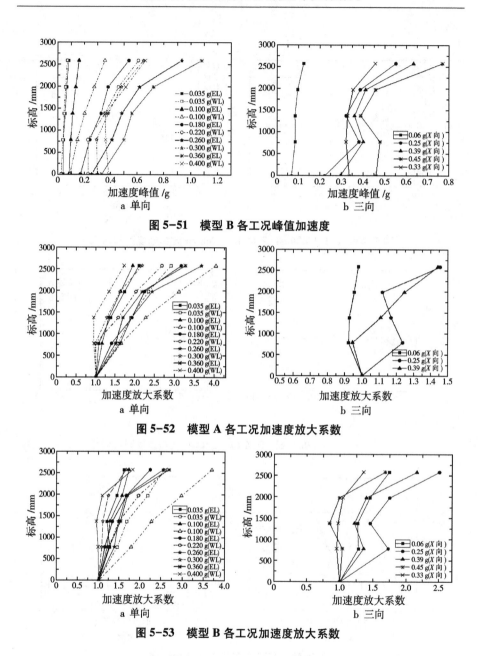

图 5-51　模型 B 各工况峰值加速度

图 5-52　模型 A 各工况加速度放大系数

图 5-53　模型 B 各工况加速度放大系数

5.4.3　结构位移反应

结构位移的测量通常包括两种方法，布设位移传感器和布设拉线位移计。本试验通过传感器所测的各个楼层位移量与台面所测位移量作差得到的相对位移即为模型的各层位移，然后通过各层的位移量作差得到模型层间位移。通过试验结果数据处理，得到在不同工况地震动作用下两模型结构 X 向各测点的位移反应。

两模型的 1 层和顶层的位移时程对比如图 5-54 至图 5-59 所示，模型 B 在各个工况下的位移明显大于模型 A，其原因是模型 B 的板角断开引起结构的刚度略低，侧移增大。然而，地震动越小，两模型各层位移差越大，尤其两模型处于弹性阶段的工况 T1~T4，模型 B 的位移是模型 A 的 4~5 倍。根据频率及阻尼比的结果来看，此现象不合乎规律。有文献对位移测量的两种方法进行了对比分析，认为采用位移传感器的方法在中小震中时存在较大误差。当采用位移传感器所测的位移结果进行作差时，由于位移峰值并非同一时刻出现及测量误差等原因，很可能造成峰值结果的不准确性。

根据试验结果计算得到的首层层间位移及层间位移角如表 5-6 所示。通过两模型层间位移结果对比可见，工况 T1~T5，两模型的首层层间位移差距较大；工况 T6 后，两模型的位移差距缩小，EL-Centro 波工况模型 B 的首层层间位移是模型 A 的 1.9~4.2 倍，卧龙波的工况模型 B 是模型 A 的 1.0~2.5 倍，此部分位移结果具有分析参考性。当单向加载结束时，卧龙波工况下两模型的首层层间位移基本相同，该工况两模型框架出现了较多裂缝，填充墙破坏严重，尤其模型 A；EL-Centro 波三向加载的最后两个工况，模型 B 与模型 A 的首层层间位移比均为 1.9，此时两模型框架梁柱出现不同程度的破坏。由上述对比分析可见，EL-Centro 波引起的模型位移明显大于卧龙波引起的模型位移，EL-Centro 波引起的两模型位移差明显大于卧龙波引起的两模型位移差。因此，结构的位移反应与地震波的频谱特性密切相关，EL-Centro 波产生的位移反应较大。

由表 5-6 中各个工况下首层层间位移角可见，模型的层间位移角受加载的地震动影响较大，EL-Centro 波产生的层间位移角较小。通过两模型的结果对比可见，模型 B 的层间位移角明显大于模型 A；模型 B 的最大弹性层间位移角为 1/401，模型 A 的最大弹性层间位移角为 1/1848；模型 A 的最大弹塑性层间位移角为 1/84，模型 B 的最大弹塑性层间位移角为 1/17；各个工况下模型 B 的层间位移角明显大于模型 A，模型 B 的破坏性能及抗变形能力远远优于模型 A。由此可见，楼板四角与框架梁柱端有限断开显著提高了框架结构的大震下抗倒塌能力。

在工况 T1~T4，两模型尚未开裂处于弹性阶段，模型 A 的层间位移角充分满足规范关于框架结构弹性层间位移角限值 1/550 的规定；然而，模型 B 在工况 T4 时达到 1/401，已超出规范的限值规定，却尚未开裂，其主要原因是前部分内容关于误差的影响及刚性楼板假设的规定。规范对层间位移角的规定是在刚性楼板假设下的控制参数，刚性楼板假设是指自身平面内无限刚，平面外刚度为零，规范对于层间位移角的规定比较保守；模型 B 的楼板四角与梁柱端有限断开，对框架梁及框架柱约束效应减小，模型 B 的抵抗变形的能力加强，楼板的受力特性更适合于弹性楼板的设计，故模型 B 由于规范采用楼板面内无限刚性假定的影响，将可能会导致不符合规范的层间位移角的规定。

在工况 T13，按规范正常设计的试验模型 A 达到了其极限层间位移角 1/84，不满足规范关于框架结构弹塑性层间位移角限值 1/50 的规定，其主要原因包括两个方面，即结构布置形式及填充墙的不合理布置。本试验框架结构模型纵横向均为两跨，横向（X 向）为明显不等跨结构形式，结构布置不对称；当布置填充墙后，不但增大了不对称的效果，而且由于填充墙对框架结构产生了斜撑作用及约束效应，改变了结构的破坏模式，使框架结构形成了明显的柱顶剪切破坏和短柱破坏。因此，由于上述原因，大大降低了结构的延性，导致结构整体过早倒塌，充分说明了外廊式漩口中学教学楼在大震下倒塌的原因。由此可见，布置填充墙降低了结构的抗变形性能，规范对框架结构实现"大震不倒"的规定安全储备偏低，此结论与伪静力试验结果相吻合。

两模型各工况的各层最大位移包络图如图 5-60 和图 5-61 所示，在单向加载的工况 T1、T3 及 T5，两模型底层位移明显大于上部各楼层，2 层至顶层的位移相差不大，层间位移较小；此阶段模型基本处于弹性阶段，模型仅底层填充墙开始出现微裂缝，随着地震动的增加，模型底层水平位移明显增加，与填充墙及框架柱底层破坏较严重试验现象吻合。当三向加载时，模型各层变形比较均匀，各层位移呈线性增大趋势，层数越高变形越大。最终结构均由于底层的侧移过大导致结构的倒塌，两模型的倒塌情况相类似，底层倾斜倒塌引起上部楼层的逐一垮塌，与汶川漩口中学教学楼倒塌现象基本吻合。

表5-6 首层位移反应最大值及层间位移角

工况	台面输入 PGA/g	首层层间位移/mm		位移比	首层层间位移角	
		模型 A	模型 B	δ_B/δ_A	模型 A	模型 B
T1	0.035（单向 EL-Centro）	0.419	2.37	5.66	1/1860	1/329
T2	0.035（单向卧龙）	0.097	0.43	4.43	1/8056	1/1816
T3	0.1（单向 EL-Centro）	0.860	4.90	5.70	1/907	1/159
T4	0.1（单向卧龙）	0.420	1.94	4.62	1/1848	1/401
T5	0.18（单向 EL-Centro）	1.860	9.07	4.88	1/419	1/85
T6	0.22（单向卧龙）	1.550	3.87	2.50	1/505	1/202
T7	0.26（单向 EL-Centro）	3.610	15.08	4.18	1/216	1/52
T8	0.3（单向卧龙）	3.800	4.43	1.17	1/205	1/176
T9	0.36（单向 EL-Centro）	7.670	20.55	2.68	1/102	1/38
T10	0.4（单向卧龙）	6.690	6.84	1.02	1/117	1/114
T11	0.06（三向 EL-Centro）	2.100	4.04	1.92	1/371	1/193
T12	0.25（三向 EL-Centro）	5.730	12.02	2.10	1/136	1/65
T13	0.39（三向 EL-Centro）	9.230（倾斜）	17.76	1.92	1/84	1/44
T14	0.45（三向 EL-Centro）	（倒塌）	42.39	—	（倒塌）	1/18
T15	0.33（三向 EL-Centro）		47.17			1/17

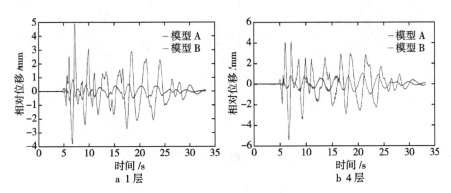

图5-54 T3（0.1 g）EL-Centro 波位移时程对比

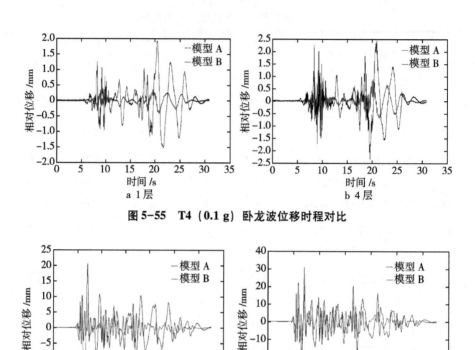

图 5-55　T4（0.1 g）卧龙波位移时程对比

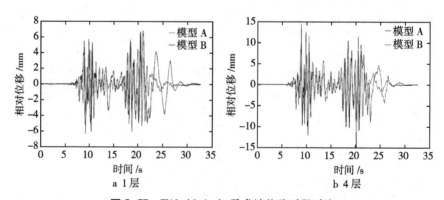

图 5-56　T9（0.36 g）EL-Centro 波位移时程对比

图 5-57　T10（0.4 g）卧龙波位移时程对比

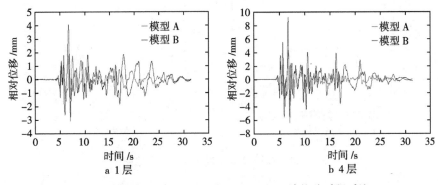

图 5-58 T11 (0.06 g) 三向 EL-Centro 波位移时程对比

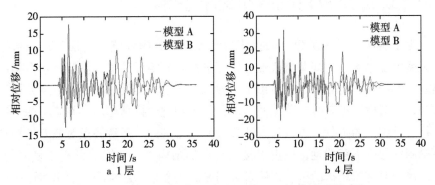

图 5-59 T13 (0.39 g) 三向 EL-Centro 波位移时程对比

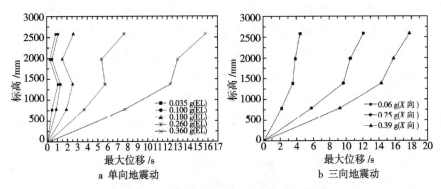

图 5-60 模型 A 各工况各层位移包络图

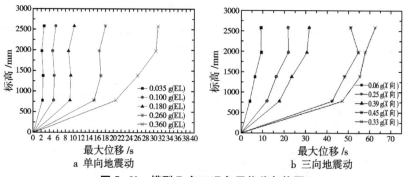

图 5-61　模型 B 各工况各层位移包络图

5.5　现浇楼板对屈服机制的影响

为了实现"强柱弱梁"的抗震设计原则，我国规范主要采用柱端弯矩增大系数法来实现，即调整梁端和柱端的组合弯矩设计值，使节点左右梁端组合的弯矩设计值之和小于节点上下柱端组合的弯矩设计值之和。在结构设计中，仅考虑楼板其竖向荷载及其对框架梁刚度的提高作用，并未考虑楼板对抗弯承载力的贡献，该设计方法显然是不合理的。现浇楼板对框架结构破坏机制的影响不容置疑，但由于楼板对框架结构受力性能的影响比较复杂，导致楼板对整体结构的影响程度及如何来解决楼板的影响问题尚未有可应用于实际工程的结论。

钢筋混凝土框架结构中，现浇板与框架梁整体浇注形成具有良好的共同协调能力的空间结构体系。楼板与框架梁共同工作，可显著提高框架梁的抗弯刚度和抗弯承载力，对框架结构的破坏机制的影响至关重要。

现浇楼板对框架梁端的贡献影响主要体现在两个方面，一方面，当梁端承受正弯矩时，楼板和框架梁共同组成 T 形截面，增加了框架梁的受压区宽度，进而增加梁端抗弯承载力和抗弯刚度；另一方面，梁端承受负弯矩时，楼板内配筋相当于增加了框架梁的负弯矩筋，也会显著增强框架梁的抗负弯矩承载力。针对上述现浇板的影响，我国规范相应从两个方面考虑，一是框架梁刚度增大系数或受压区框架梁考虑楼板翼缘；二是柱端弯矩增大系数法。

现浇楼板和框架梁整浇，楼板相当于框架梁的翼缘，使框架梁由矩形截面变成 T 形截面，大大提高了框架梁的刚度。我国规范考虑了楼板翼缘对框架梁刚度的贡献，可以通过考虑翼缘计算梁刚度或者直接采用刚度增大系数法来实现。现浇楼板对框架结构的影响是复杂的，为了计算简便，通常采用刚性楼板假定，不考虑楼板参与整体计算。刚性楼板假定即楼板平面内无限刚，平面外刚度为零，使结构计算概念明了。平面外刚度为零的假定忽略了框架梁的有效翼缘对平面外刚度的贡献，使结构总刚度和地震作用减小，不安全。因此，在结构设计过程中，通常采用梁刚度增大系数来间接考虑楼板对结构刚度的贡献。

框架结构在竖向荷载和水平地震作用下，通常梁端承受负弯矩起控制作用，框架梁按矩形截面设计计算，如图 5-62a 所示。在结构内力分析过程中，由于框架梁的刚度放大，则梁端分配的弯矩比按矩形截面梁有所增大。实际梁端分配弯矩应该为 T 形截面的梁板共同承受，但抗弯承载力设计过程中，梁端抗弯纵筋全部配置在梁矩形截面内，忽视楼板的作用。然而，在楼板设计过程中，楼板仍考虑自身受力进行配筋，而 "强柱弱梁" 验算时，并未考虑楼板钢筋对框架梁的增强作用，如图 5-62b 所示。由此可见，框架梁的实际承载力大大提高，很难实现梁铰屈服机制。

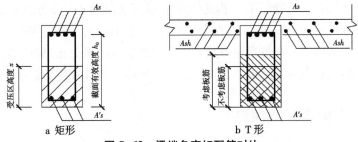

图 5-62 梁端负弯矩配筋对比

目前，为了避免柱铰机制的出现，《建筑抗震设计规范》（2010）对柱端弯矩增大系数进行了提高，原规定一级、二级、三级分别为 1.4、1.2、1.1，现规范调整为一级、二级、三级、四级分别为 1.7、1.5、1.3、1.2。但是，现行抗震设计规范对楼板的影响仍未给出明确的设计及计算方法，只是在抗震规范的条文说明中指出："当计算梁端抗震承载力时，若计入楼板内的钢筋，且材料强度标准值考虑一定的超强系数，则可提高框架结构'强柱弱梁'的程度。"通过填充墙框架结构振动台对比试验结果可见，尽管抗震设计规范对弯矩增大系数进行了调整，但对 "强柱弱梁" 破坏机制的实现尚未产生十分显著效果。

由此可见，现浇楼板对框架梁的增强作用是使框架结构未实现 "强柱弱梁" 抗震机制的主要原因，考虑提高柱端弯矩增大系数的措施，尽管能在一定程度上推迟柱铰的出现，但并不能真正解决实质问题。通过填充墙框架结构破坏模式振动台对比试验可见，楼板四角与框架梁柱端有限断开的抗震设计措施对梁铰破坏机制形成及对结构抗倒塌能力的提高有明显效果。下面通过对试验模型的非线性有限元分析，验证该抗震措施的有效性，从实际应用角度进一步完善该措施，对该抗震措施的设计及施工方法提出建议。

5.6 框架结构振动台试验模型数值模拟分析

现浇楼板对"强柱弱梁"破坏机制的影响不容置疑，而现行规范尚未能对现浇楼板对框架梁的增强作用进行量化，框架梁端内力设计值相当于仅考虑楼板自重及刚度放大效应的不带楼板的空框架梁端内力设计值。基于目前的研究现状及设计方法，为了避免楼板对框架梁端承载力的贡献，本书提出了将楼板板角与框架梁柱端有限断开的设计措施，并通过振动台对比试验进行了验证，该措施一方面降低了楼板对框架梁柱的约束作用；另一方面避免了楼板对框架梁的承载力的贡献，使结构的受力特点与实际设计理论及方法更接近。

下面将采用 DIANA 非线性有限元软件，对振动台对比试验的框架结构模型进行数值模拟，通过模型振动特性及地震反应结果对比分析，验证楼板四角与梁柱端有限断开的抗震设计措施对框架结构抗震性能的影响。

5.6.1 有限元模型概况

在结构有限元非线性动力时程分析中，直接建立带箍筋和楼板钢筋的模型是十分不经济且不现实的。为了使计算模型简化，箍筋和楼板钢筋不考虑建模，通过应力-应变全过程曲线间接地考虑箍筋和楼板钢筋的作用。

（1）约束混凝土本构模型

箍筋对核心混凝土具有不可忽略的约束作用，因此，梁柱混凝土通过约束混凝土本构模型来考虑箍筋的作用。目前，考虑约束效应的混凝土本构模型主要有 Kent-Part 模型和 Mander 模型，本书将采用 Mander 约束混凝土模型来进行分析，如图 5-63 所示，其数学表达式为：

当 $0 \leqslant \varepsilon_c \leqslant \varepsilon_{cu}$ 时，

$$\sigma_c = \frac{f'_{cc} x r}{r - 1 + x^r}; \tag{5-1}$$

当 $\varepsilon_c > \varepsilon_{cu}$ 时，

$$\sigma_c = 0_\circ \qquad (5-2)$$

其中，
$$x = \varepsilon_c / \varepsilon_{cu}, \qquad (5-3)$$

$$r = \frac{E_c}{E_c - E_{sec}}, \qquad (5-4)$$

$$\varepsilon_{cu} = 0.004 + 1.4\rho_s f_{yh} \varepsilon_{su} / f'_{cc}, \qquad (5-5)$$

$$\varepsilon_{cc} = \varepsilon_{co}[1 + 5(f'_{cc}/f'_{co} - 1)], \qquad (5-6)$$

$$f'_1 = K_e \rho_s f_{yh}, \qquad (5-7)$$

$$f'_{cc} = f'_{co}\left(-1.254 + 2.254\sqrt{1 + \frac{7.94f'_1}{f'_{co}}} - 2\frac{f'_1}{f'_{co}}\right), \qquad (5-8)$$

$$f'_{cc} = Kf'_c, \qquad (5-9)$$

$$E_{sec} = \frac{f'_{cc}}{\varepsilon_{cc}}_\circ \qquad (5-10)$$

式中：f'_1—有效横向约束应力；

K_e—截面有效约束系数，矩形截面取 0.75；

ρ_s—体积配箍率；

f_{yh}—箍筋屈服强度；

f'_{cc}—约束混凝土抗压强度；

f'_{co}—未约束混凝土抗压强度；

K—强度提高系数；

ε_{cc}—约束混凝土峰值压应变；

ε_{cu}—约束混凝土极限压应变；

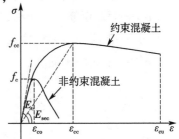

图 5-63　约束混凝土本构模型

ε_{co}—未约束混凝土峰值压应变，取为 0.002；

ε_{su}—箍筋极限拉应变；

E_{sec}—约束混凝土应力-应变上升段的割线斜率。

（2）等效钢筋混凝土本构模型

楼板中的钢筋不进行独立建模，采用应变协调假设和强度等效假设等效到混凝土中，通过混凝土的应力-应变曲线的强化和软化来考虑钢筋的作用，即采用等效钢筋混凝土本构模型，受拉应力-应变曲线如图 5-64 所示。在荷载作用初期，即曲线 OA 段，将钢筋材料强度等效为混凝土，材料处于弹性阶段；当等效材料开裂应力达到初始屈服强度后，即曲线进入 AB 段，荷载主要由钢筋承担，材料处于硬化阶段；当等效材料应力超过 B 点后，曲线进入下降段，材料处于塑性软化阶段，此阶段忽略混凝土承担的荷载，假设钢筋为理想弹塑性模型。等效钢筋混凝土材料的应力-应变曲线中，各量的数学表达式为：

$$E = E^{(s)}S + E^{(c)}(1 - S), \tag{5-11}$$

$$\sigma_{y1} = \left[E^{(s)}S + E^{(c)}(1 - S) \right] \frac{\sigma_f^{(c)}}{E^{(c)}}, \tag{5-12}$$

$$\sigma_{y2} = S\sigma_f^{(s)}, \tag{5-13}$$

$$\varepsilon_{y1} = \frac{\sigma_{y1}}{E} = \frac{\sigma_f^{(c)}}{E^{(c)}}, \tag{5-14}$$

$$\varepsilon_{y2} = \frac{\sigma_{y2}}{E} = \frac{\sigma_f^{(s)}}{E^{(s)}}。 \tag{5-15}$$

式中：S —楼板钢筋截面面积与楼板截面面积的比值；

E—等效钢筋混凝土的弹性模量；

$E^{(s)}$—钢筋弹性模量；

$E^{(c)}$—混凝土弹性模量；

σ_{y1}—等效钢筋混凝土材料的初始屈服极限，对应 A 点；

σ_{y2}—等效钢筋混凝土材料的最大屈服极限，对应 B 点；

$\sigma_f^{(c)}$—混凝土极限抗拉强度；

$\sigma_f^{(s)}$—钢筋屈服强度。

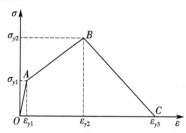

图 5-64　等效钢筋混凝土本构模型

（3）有限元模型

有限元模型中混凝土和纵向钢筋采用分离式建模，框架梁、板、柱中的混凝土及填充墙都采用 8 节点 HX24L 三维实体单元，纵向钢筋采用埋入式 BAR 钢筋单元。混凝土采用全应变旋转裂缝模型模拟，受压性能采用 Parabolic 曲线，受拉性能采用 Exponential 曲线，钢筋本构采用二折线的弹塑性强化模型。根据填充墙框架结构振动台试验模型概况，进行一定简化，建立的三维实体有限元模型的平面图如图 5-65 所示。

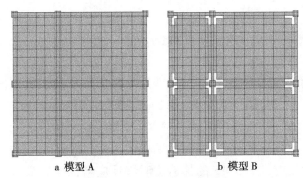

a 模型 A　　　　　　　　b 模型 B

图 5-65　有限元模型平面图

5.6.2　结构的动力特性对比分析

振动台试验有限元模型建立完成后，首先对其进行了模态分析，提取得到模型 X 向、Y 向的一阶频率，计算结果如表 5-7 所示，两模型振型如图 5-66 和图 5-67 所示。通过频率对比可见，有限元模型的计算结果与试验结果吻合。有限元的计算结果比试验结果偏小，其误差与试验过程中的量测误差及有限元模型中填充墙简化模拟及本构模型的简化处理等因素有关，有限元分析得到的动力性能基本与试验结果吻合。

表 5-7　频率计算结果与实测结果对比

模型	楼板情况	试验结果/Hz		计算结果/Hz	
		X 向	Y 向	X 向	Y 向
A	普通楼板	9.60	5.26	8.13	5.06
B	四角与梁柱端断开楼板	9.37	5.07	7.65	4.94

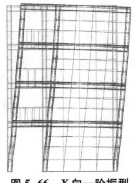

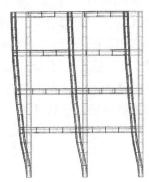

图 5-66　X 向一阶振型　　　　**图 5-67　Y 向一阶振型**

5.6.3　结构的动力反应对比分析

根据振动台试验加载工况，本部分内容选取单向加载工况 T5（EL-Centro 波 0.18 g）和 T6（卧龙波 0.22 g）、T9（EL-Centro 波 0.36 g）、T10（卧龙波 0.40 g）及三向加载工况 T13（EL-Centro 波 0.39 g）5 个工况进行了弹塑性地震反应分析。通过非线性有限元分析，得到两试验模型在各个工况下的加速度反应，工况 T5 的加速度时程反应与试验结果对比如图 5-68 所示，由对比可见模型的加速度峰值与试验结果吻合较好。

两模型各个工况下的首层位移反应如表 5-8 所示，工况 T5 的位移时程反应与试验结果对比如图 5-69 所示。由对比可见，工况 T5、T6 和 T9，模型 A 的位移计算结果比试验结果偏大，模型 B 的位移计算结果比试验结果偏小；工况 T10，两模型的位移均比试验结果偏小；工况 T13，模型 A 的位移计算结果比试验结果偏大，模型 B 的位移计算结果比试验结果偏小。模型 A 的位移计算结果与试验结果吻合较好，而模型 B 计算得到的位移明显小于试验结果，EL-Centro 波工况的计算结果与试验结果误差明显大于卧龙波工况的误差，同理，通过计算所得两模型首层层间位移角也存在上述变化趋势。有限元计算结果与试验结果存在上述误差的原因很多，如加载情况、传感器位移计的测量误差、材料的不均匀性及试验中的偶然因素等，以及有限元分析过程中模型的简化及计算方法的误差等，这些都会造成数值模拟结果与试验结果的不完全吻合。

尽管数值模拟结果与试验结果存在一定误差，但数值模拟结果可以很好地反映两模型的动力反应性能差别，变化趋势与试验结果基本一致。通过计算得到两模型各层位移包络图，如图 5-70 所示，其呈线性变化趋势，楼板四角与梁柱端有限断开模型 B 的位移明显大于模型 A 的位移，底层位移大于其余各层位移，输入地震动越大，两模型位移相差越小，EL-Centro 波工况的位移差明显大于卧龙波工况的位移差，故该数值模拟结果可以反映两模型的变形趋势差别。由此可见，楼板四角与梁柱端有限断开措施增大了结构的水平侧移，此现象与试验结果吻合，该模型可用于分析结构的受力性能。

表 5-8 首层位移反应最大值及层间位移角

工况	输入 PGA	模型	柱顶钢筋应力	梁端钢筋应力	首层层间位移		首层层间位移角	
					计算结果	试验结果	计算结果	试验结果
T5	单向 0.18 g (EL-Centro)	A	197	90	2.2	1.9	1/361	1/419
		B	114	221	3.8	9.0	1/201	1/85
T6	单向 0.22 g (卧龙)	A	172	71	1.8	1.6	1/448	1/505
		B	87	186	2.8	3.9	1/281	1/202
T9	单向 0.36 g (EL-Centro)	A	402	165	9.1	7.7	1/86	1/102
		B	285	346	14.6	20.5	1/53	1/38
T10	单向 0.4 g (卧龙)	A	327	113	4.9	6.7	1/159	1/117
		B	154	138	5.5	6.9	1/143	1/114
T13	三向 0.39 g (EL-Centro)	A	383	140	9.9	9.2	1/78	1/84
		B	256	271	11.1	17.8	1/71	1/44

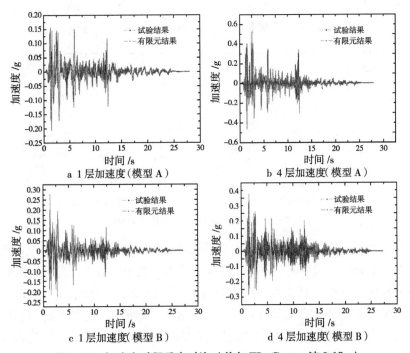

图 5-68 加速度时程反应对比（单向 EL-Centro 波 0.18 g）

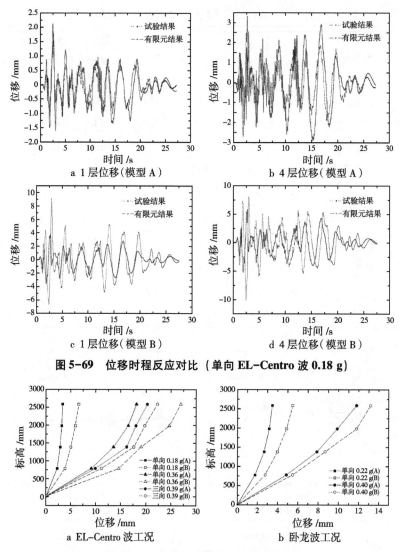

图 5-69　位移时程反应对比（单向 EL-Centro 波 0.18 g）

a EL-Centro 波工况

b 卧龙波工况

图 5-70　有限元计算各层位移包络图

　　通过非线性有限元分析，可得到两模型梁柱端钢筋应力变化曲线。提取 X 向底层中间榀框架中间节点处，框架梁柱端钢筋单元应力，分别为长跨梁端负弯矩区钢筋单元及框架中柱顶钢筋单元，如表 5-8 所示。工况 T5、T6 及 T13 的钢筋应力时程曲线如图 5-71 至图 5-73 所示，模型 B 的梁端钢筋应力明显大于模型 A，其柱端钢筋应力普遍小于梁端钢筋应力。当输入单向地震动时，以工况 T5 的计算结果为例进行分析，模型 A 梁端钢筋的峰值应力为 90 MPa，柱端钢筋的峰值应力为 197 MPa；模型 B 梁端钢筋的峰值应力为 221 MPa，柱端钢筋的峰值应力为 114 MPa。当输入三向地震动工况 T13 时，模型 A 梁端钢筋的峰值应力为 140 MPa，柱端钢筋的峰值应力为 383 MPa；模型 B 梁端钢筋的峰值应力为 271 MPa，柱端钢筋的峰值应力为 256 MPa。

由上述相同节点处、相同钢筋单元的应力对比分析可见，T5 中两模型的柱端与梁端的钢筋应力的比值分别为 2.1 和 0.52，T13 中模型 A、B 的柱端与梁端的钢筋应力的比值分别为 2.7 和 0.9。由此可见，模型 A 该节点"梁强于柱"，模型 B 该节点"梁弱于柱"，尤其单向加载工况该现象尤为明显。另外，上述两工况，模型 B 梁端钢筋应力与模型 A 的梁端钢筋应力的比值分别为 2.4 和 1.9，模型 B 柱端钢筋应力与模型 A 的柱端钢筋应力的比值分别为 0.6 和 0.7，由此可见，模型 B 的梁端钢筋应力明显大于模型 A，模型 B 的柱端钢筋应力小于模型 A，由此可见，梁端失去楼板的贡献，钢筋应力明显增大，同时延缓了柱筋屈服。

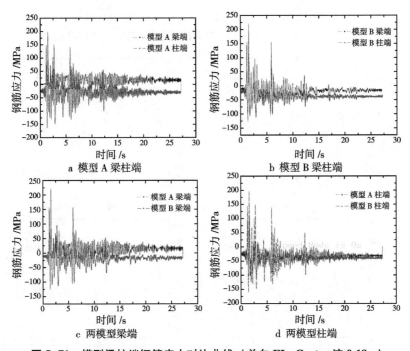

图 5-71　模型梁柱端钢筋应力对比曲线（单向 EL-Centro 波 0.18 g）

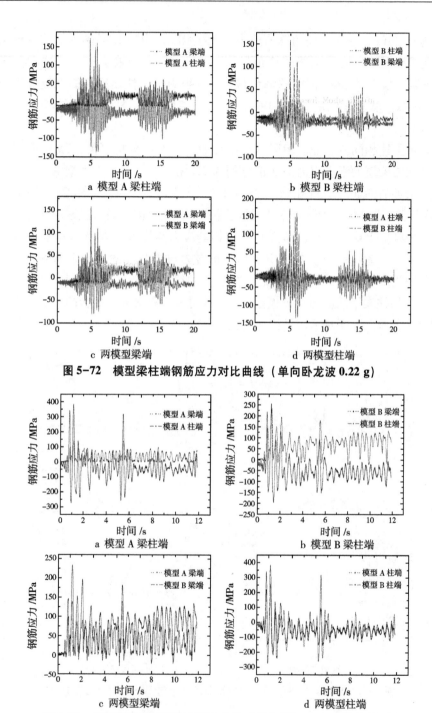

图 5-72　模型梁柱端钢筋应力对比曲线（单向卧龙波 0.22 g）

图 5-73　模型梁柱端钢筋应力对比曲线（三向 EL-Centro 波 0.39 g）

　　截取两模型边节点详图如图 5-74 所示，模型 A 梁板柱为一整体，模型 B 楼板与框架梁柱端局部断开。工况 T9，取两模型 X 向中间榀框架中节点及边框架短跨边节点为研究对象，得到两节点处钢筋应力云图，如图 5-75 及图 5-76 所示。通过对比可见，无论边节点还是中间节点，模型 A 为柱端钢筋先屈服，模型 B 为梁端钢筋先屈服，进一步证实了楼板对框架梁端的贡献对屈服机制有至关重要的影响。另外，通过两模型边柱钢筋应力峰值云图（图 5-77）对比可见，模型 A 由于整体现浇楼板的影响，框架柱顶先屈服，而模型 B 由于框架梁柱端失去楼板的影响，框架梁端及框架柱底先屈服。由此可见，现浇楼板是导致实际震害中柱顶破坏比柱底破坏严重的原因之一。

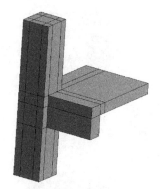 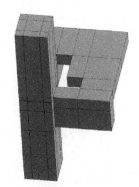

a 模型 A 边节点　　　　　　　　　　b 模型 B 边节点

图 5-74　两模型局部节点详图

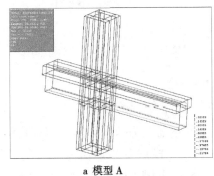 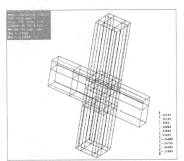

a 模型 A　　　　　　　　　　　　b 模型 B

图 5-75　中节点钢筋应力云图（单向 EL-Centro 波 0.36 g）

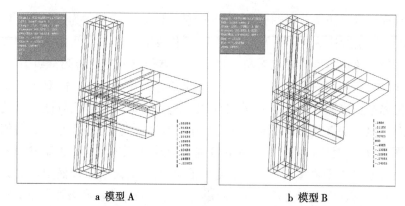

a 模型 A   b 模型 B

图 5-76　边节点钢筋应力云图（单向 EL-Centro 波 0.36 g）

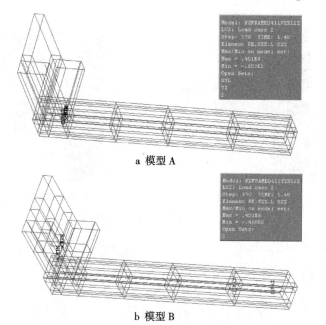

a 模型 A

b 模型 B

图 5-77　边柱钢筋应力峰值云图（单向 EL-Centro 波 0.36 g）

　　三向地震动加载工况，两整体模型的钢筋应力云图如图 5-78 所示，模型 A 钢筋应力峰值点基本位于框架柱两端，模型 B 钢筋应力峰值点多数位于框架梁端及框架柱底，两模型的屈服机制出现明显变化。综上，楼板四角与框架梁柱端有限断开后，避免了楼板对框架梁端负弯矩钢筋的增强作用，改变了框架结构的屈服机制，使结构易形成梁铰机制，延缓柱铰的出现，对实现"强柱弱梁"具有良好的效果，该结论与试验结果基本吻合。

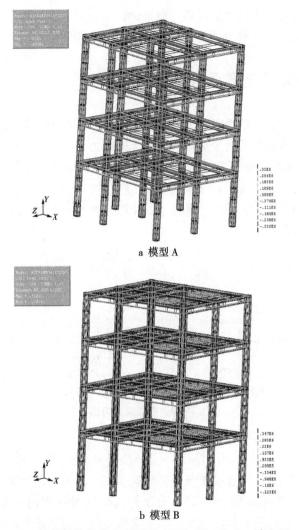

a 模型 A

b 模型 B

图 5-78　框架梁柱钢筋应力云图（三向 EL-Centro 波 0.39 g）

5.7　现浇楼板四角与梁柱端断开尺寸设计

现浇楼板四角与梁柱端有限断开可明显提高框架结构的整体抗震性能，有效延迟框架柱的破坏。但是，楼板四角与梁柱端有限断开对于框架结构的设计施工和功能使用产生一定的影响，楼板四角与梁柱端有限断开的构造尺寸是该抗震措施实现的关键问题，如果设计不合理，会给结构带来不利的影响，下面将从结构承载力及延性两方面分析尺寸确定的方法。

5.7.1 框架梁抗弯承载力

对于分别按普通楼板及板角与梁柱端有限断开楼板进行设计的框架结构，取出一根框架梁进行竖向荷载作用下的内力对比分析。假定框架梁计算跨度为 l，楼板与框架梁未分离跨度为 l'，若按普通楼板进行设计，楼板传递给框架梁的荷载为 q；若按板角断开楼板进行设计，框架梁所受荷载为 $ql/l'=p/l'$，如图 5-79 所示。通过内力计算，得到上述两种情况下的简支梁跨中的弯矩分别为：

$$M_{OA} = pl/4 - pl/8, \qquad (5-16)$$
$$M_{OB} = pl/4 - pl'/8, \qquad (5-17)$$
$$M_{OB}/M_{OA} = 2 - l'/l。 \qquad (5-18)$$

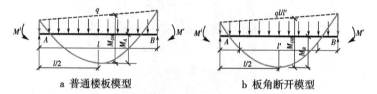

| a 普通楼板模型 | b 板角断开模型 |

图 5-79 框架梁内力图

则两端固端框架梁跨中截面的弯矩为：

$$M_B = M_{OB} - (M^l + M^r)/2 = (2 - l'/l)M_{OA} - (M^l + M^r)/2。 \quad (5-19)$$

楼板板角断开尺寸直接影响楼板荷载和内力的传递，当梁端 $l/8$ 范围内与楼板断开，则 $M_{OB}/M_{OA} = 1.25$，明显提高框架梁跨中的弯矩值。由此可见，如果板角梁端断开长度过大，框架梁与楼板的连接长度 l' 过小，使框架梁的跨中内力过大，若跨中抗弯配筋不足，容易导致框架梁跨中产生局部破坏，从而引起结构的局部垮塌。因此，楼板四角与梁端断开尺寸与跨中抗弯承载力直接相关，进行结构设计时，需依据式（5-19），验算跨中承载力是否满足要求。

5.7.2 结构的延性

结构抗倒塌能力的重要影响因素是结构的延性，延性是指结构在承载能力没有显著下降的情况下承受变形的能力，度量结构延性的一个重要指标是塑性铰长度。在地震作用下，为了使结构具有良好的延性，实现"强柱弱梁"结构体系，需保证结构具有足够的转动延性，即框架梁具有足够的转动能力。结构的塑性转动能力越强，越容易完全实现塑性内力重分布，使结构具有足够多的塑性铰，形成几何可变破坏机制，从而充分利用结构的承载力。结构的延性能力是受框架梁端塑性铰转动能力所控制的，塑性铰转动能力与等效塑性铰长度 l_p 的关系为：

$$\theta_p = \varphi_p l_p = (\varphi_m - \varphi_y) l_p。 \tag{5-20}$$

其中，θ_p 是反映截面非线性变形能力的一个极其重要的指标，塑性铰长度 l_p 越大，结构的塑性转动能力越好，延性越好。由此可见，当采取板角梁端有限断开措施时，若分离长度过小，会使框架梁端部应力集中，塑性铰区域变小，即 l_p 变小。因此，尽管该措施能实现梁铰机制，但若断开长度过小，会使框架梁没有足够的塑性转动能力，导致梁端产生局部破坏，降低了结构的整体延性，对结构产生非常不利的影响。因此，为了使结构具有良好的延性，板角与梁柱端断开尺寸需保证梁端具有足够的塑性铰长度。

塑性铰长度的影响因素主要包括截面曲率、反弯点距离、剪力及钢筋拉应变渗透等，各国学者们做了大量试验，提出了不同的塑性铰长度计算经验公式，如表 5-9 所示。由表 5-9 可见，梁端的塑性铰长度与框架梁的截面高度有关，而截面高度由梁的跨度来确定。通过文献对各个经验公式的比较分析表明，由于各个经验公式考虑的侧重点不同，计算得到的塑性铰长度值也有一定差别，有些偏高，有些偏低。其中，沈聚敏提出的为塑性铰长度值的下限，坂静雄提出的为上限，Paulay 提出的为中等，下面根据坂静雄提出的公式对塑性铰长度上限值进行分析：

$$l_p = 2(1 - 0.5\rho f_y / f_c) h_0 = 2\left(1 - \frac{0.5 A_s}{b h_0} \cdot \frac{f_y}{f_c}\right) h_0 = 2(1 - 0.5\zeta) h_0。$$

$$\tag{5-21}$$

为了保证塑性铰具有足够的转动能力，我国设计规范规定 $\zeta \leqslant 0.35$，通过计算得到 $l_p \geqslant 1.65 h_0$。因此，为了使框架梁具有良好的延性转动，塑性铰长度的上限值为 $1.65 h_0$，下限值为 $0.33 h_0$。在结构设计过程中，框架梁的高度通常采取经验公式（$l/8 \sim l/12$）取值，最常用的是 $l/12$，则此时塑性铰长度的上下限值为：

$$l_{p上限} = 1.65 h_0 = 1.65 \times 0.9 \times h = 1.65 \times 0.9 \times l/12 \approx l/8, \tag{5-22}$$

$$l_{\text{p下限}} = 0.33h_0 = 0.33 \times 0.9 \times h = 0.33 \times 0.9 \times l/12 \approx l/40。 \quad (5-23)$$

表 5-9　梁塑性铰长度经验公式

序号	提出者	经验公式	备注
1	Barker	h_0	h_0 为梁截面有效高度
2	Mattock	$h_0+0.05z$	z 为临界截面到反弯点距离
3	Paulay	$0.08l+0.022df_y \approx 0.5h_0$	d 为纵筋直径，l 为跨度
4	Corley	$0.5h_0+0.2\sqrt{h_0}\ (z/h_0)$	z 同上
5	Sawyer	$0.25h_0+0.075z$	z 同上
6	坂静雄	$2(1-0.5\rho f_y/f_c)h_0$	ρ 为纵筋配筋率
7	胡德炘	$2/3h_0+a$	a 为剪跨比
8	沈聚敏	$(0.2\sim0.5)h_0$	中值为 $0.33h_0$

通过上述分析，塑性铰长度上下限值范围较大，对于普通的钢筋混凝土框架结构，板角与梁柱端断开长度可按照 $l/8$ 经验值取值，能够较保守地满足延性设计的要求。然后，需进行框架梁抗弯承载力验算，验证此长度是否满足要求，如果不满足可将其适当调整。对于特殊的结构或者抗震性能要求较高的结构，应该考虑通过式（5-21）及其他相关塑性铰长度经验公式来确定。板角与梁柱端断开长度不宜过大，也不宜过小，过大容易导致抗弯承载力不满足要求，过小容易导致延性不满足要求。因此，对于采用现浇板角与梁柱端断开的框架结构，可以按照普通楼板进行设计，然后对断开尺寸进行设计并验算即可。

5.8　现浇楼板四角与梁柱端有限断开抗震措施的施工方法

在施工过程中，现浇楼板四角与框架梁柱端有限断开，将会给施工带来不便。因此，为了提高施工效率，在施工时，采用 $100\sim200$ mm 厚苯板将板角与梁端、柱端彻底断开，并充当模板直接浇筑到混凝土中。另外，由于考虑苯板与混凝土交接位置容易造成开裂，故在苯板顶及底部分别放置细钢丝网，避免裂缝的形成。现浇板与梁端、柱端分离的抗震措施施工示意图如图5-80所示，具体施工过程如下。

框架结构梁板支模及梁钢筋绑扎完毕后，梁端侧面断开空间范围内布置下部钢丝网及苯板。苯板长度为梁跨度的1/8，厚度取100~200 mm；钢丝网直径越细越好，间距为200~300 mm，钢丝网端部伸入楼板30~50 mm，钢丝网切勿深入框架梁。然后，绑扎楼板钢筋，已布置的苯板将楼板钢筋与梁柱完全断开。楼板钢筋绑扎完毕后，布置苯板上表面钢丝网，于楼板筋外侧。上述现浇板角与框架梁端断开空间填充完毕后，浇筑梁板混凝土。

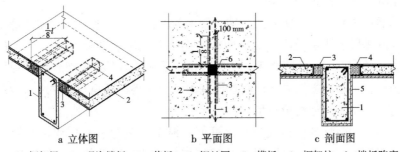

a 立体图　　　　　b 平面图　　　　　c 剖面图

1—框架梁；2—现浇楼板；3—苯板；4—钢丝网；5—模板；6—框架柱；l—楼板跨度

图 5-80　板角梁端分离措施施工示意图

5.9　小结

本章基于漩口中学教学楼外廊式框架结构平面布置形式及填充墙布置的特点，以避免现浇板对框架梁的贡献为主要目的，进行了填充墙框架结构的"强柱弱梁"破坏模式及倒塌的对比试验，并通过非线性有限元分析进一步验证了现浇板角与框架梁柱端有限断开的抗震措施对实现"强柱弱梁"破坏机制的有效性，得到如下结论。

①填充墙提高了框架结构的刚度，加载初期，荷载主要由填充墙承担，作为框架结构抗震的第一道设防，先开裂；振动台试验现象进一步验证了填充墙与框架结构的相互作用机制，填充墙对框架柱产生了斜撑作用及约束效应，导致框架柱顶产生剪切破坏及框架短柱破坏，由于填充墙布置高度较小，故模型并未发生短柱剪切破坏而发生了短柱弯曲破坏，与伪静力试验结

果及短柱破坏有限元分析结果基本吻合。填充墙改变了框架结构的破坏模式，降低了框架结构的抗震能力。

②试验现象分析表明，普通楼板模型 A 及四角与梁柱端有限断开楼板模型 B 破坏模式形成了鲜明的对比，模型 A 主要出现框架柱开裂破坏，模型 B 框架梁柱均开裂并形成较多的塑性铰，最终模型 A 已倒塌而模型 B 尚未完全破坏。由此可见，规范通过调整柱端弯矩增大系数而使柱强的设计方法，对实现"强柱弱梁"破坏机制未产生十分显著效果，而现浇楼板对框架梁的贡献为最关键影响因素，模型 B 楼板四角与梁柱端有限断开后，明显改变了结构的破坏模式，有效延缓了柱铰破坏，对实现"强柱弱梁"破坏机制具有良好的控制效果。

③通过试验结果分析表明，楼板四角与梁柱端有限断开后，略降低了框架结构的基频、刚度及阻尼比，使结构频率及刚度衰减减慢；模型 A 的加速度放大效应普遍大于模型 B，楼板四角与梁柱端断开对框架起到了很好的减振作用；试验数据结果与试验现象基本符合，楼板四角与梁柱端有限断开模型的损伤小于普通楼板模型。

④通过两模型的位移反应对比可见，模型 B 的位移、层间位移及层间位移角明显大于模型 A，模型 B 具有较好的抵抗变形的能力；模型 A 的极限层间位移角为 1/84，模型 B 的极限层间位移角为 1/17，楼板四角与梁柱端有限断开措施显著提高了框架结构的抗倒塌能力，与试验现象吻合。

⑤试验结果表明，模型 A 的极限层间位移角由于结构不对称布置及填充墙的影响，不满足规范关于框架结构弹塑性层间位移角限值 1/50 的规定。由此可见，填充墙的布置降低了结构的抗变形能力，对双不等跨框架结构影响尤其明显，规范对框架结构实现"大震不倒"的规定安全储备偏低，此结论与伪静力试验结果相吻合，设计过程中应该合理考虑结构及填充墙的布置方案。

⑥两试验模型均出现底层侧移较大、破坏严重的现象，结构最终均由于底层倾斜倒塌引起 2 层以上结构逐层向大跨坍塌，此倒塌特点与漩口中学教学楼倒塌震害基本吻合。

⑦采用 DIANA 非线性有限元软件，对填充墙框架结构振动台对比试验模型进行了数值模拟，通过频率、振型、加速度反应、位移反应及钢筋应力的对比，揭示了现浇楼板对框架结构抗震性能的影响，现浇楼板易导致框架柱顶破坏；进一步验证板角与框架梁柱端有限断开抗震设计措施，可以改变

框架结构的屈服机制，有利于梁铰机制的出现，有效延迟框架柱的破坏，提高了框架结构的抗震性能。

⑧楼板四角与梁柱端有限断开后，增大了框架梁跨中截面的内力，因此，楼板四角分离尺寸不宜过大。通过延性与塑性铰之间的理论关系，为了使楼板四角断开后框架梁端的塑性铰具有足够的转动能力，保证结构具有良好的延性，板角与梁柱端断开的长度应满足梁端具有足够的塑性铰长度要求，本书基于塑性铰长度的经验公式，提出了板角与梁柱端断开尺寸的计算公式。

⑨对该抗震设计措施的施工过程进行了详细阐述，通过断开空间布置苯板及钢丝网来满足施工中引起的效率及裂缝问题。由此可见，本书提出的实现"强柱弱梁"的抗震措施可应用于实际工程。

第6章　薄弱层破坏机制研究

6.1　引言

在填充墙框架结构中，填充墙的布置主要是由结构的使用功能决定的，本书前述试验研究表明，填充墙可显著提高框架结构的侧移刚度，容易使得整个结构在竖向或者同一楼层水平方向上出现刚度分布不均匀或者突变的现象。曹万林、王光远等人的研究结果表明，即使采用轻质砌块砌筑填充墙，结构的抗侧刚度也会比纯框架结构大 5~10 倍。因此，填充墙沿结构竖向布置不均匀导致薄弱层产生的现象尤为突出。

《高层建筑混凝土结构技术规程》第 3.1.4 条规定：结构的竖向和水平布置宜具有合理的刚度和承载力分布，避免因局部突变和扭转效应而形成薄弱部位，第 6.1.3 条也明确指出：框架结构如采用砌体填充墙，当布置不当时，常能造成结构竖向刚度变化过大；或形成短柱；或形成较大的刚度偏心。由于填充墙是由建筑专业设计人员设计布置的，在结构图上不予给出，因此很容易被设计人员忽略。在结构设计时应注意避免砌体填充墙对结构产生的不利影响，如该规范中所述应避免结构竖向刚度过大，但是这个概念很不清晰，可操作性不大，人们也不知道相邻结构层的刚度比值多大才算过大，因此，本书将根据分析结果给出相邻结构楼层初始刚度比的范围，从而控制结构竖向刚度分布及避免结构产生薄弱层，也能够使结构设计人员在结构设计时将填充墙的作用充分考虑进去。

本章将考虑填充墙的布置情况及填充墙的材料，针对由于填充墙沿结构竖向分布不均匀而产生薄弱层的情况进行分析，得出合理的结构相邻楼层间初始侧移刚度比的限值及合理的填充墙材料的选用。

6.2　地震波的选取

《建筑抗震设计规范》（2001）第 5.1.1 条中规定，实际工程结构的抗震验算当采用时程分析法时，应按建筑场地类别和设计地震分组选用不少于两组的实际强震记录和一组人工模拟的加速度时程曲线，介于本书是结构的数值模拟，因此，可选取一条地震波进行地震反应分析，为了更接近实际情况，本书将选取 3 条地震波。

选用实际的地震加速度记录时，采用谢礼立院士提出的最不利设计地震动的概念，从建立的有 56 条记录的国外强震记录库和有 36 条记录的国内强震记录库中，根据估计地震动潜在破坏势的综合评定法，确定最不利设计地震动，《建筑工程抗震性态设计通则》中总结了适用于各类场地的地震动信息。针对本书的情况，选择用于第 Ⅱ 类场地，用于中周期结构输入组号为 F4 的 EL-Centro 地震波（1979），鉴于地震动的随机性和地震动记录波普组成的差异，另外，选用同组的 2 条地震波，即 Taft 波（1952）和 1988 耿马波，分析在上述 3 种地震波下，相邻结构楼层在不同侧移刚度比时的地震反应，并将 3 条波的计算结果取平均作为最终计算结果，简化起见，下面只给出结构在 EL-Centro 地震波（1979）下结构在底部薄弱层、中部薄弱层和顶部薄弱层的位移反应时程曲线。

6.3　有限元模型

本书梁柱采用纤维模型，利用 MSC.Marc 的 UBEAM 用户子程序为接口，通过 THUFIBER 程序予以实现。自定义梁单元的截面和材料属性及非线性属性，将钢筋混凝土杆件截面划分为 4 个钢筋纤维和 36 个混凝土纤维，如图 6-1 所示，程序定义每个纤维的位置、截面的面积和本构关系，并自动根据平截面假定得到每个纤维的应变，积分到整个截面，迭代计算使得内力平衡。

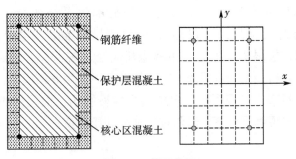

图 6-1　截面分区

6.3.1 材料的本构模型

（1）钢筋本构模型

理想的钢筋双线性滞回模型简单通用，是最为常见的钢筋本构关系，但不能反映诸如包辛格效应等的复杂受力特性，对此，本书使用汪训流开发的更为精确的钢筋本构模型，卸载及再加载曲线如图 6-2 所示。

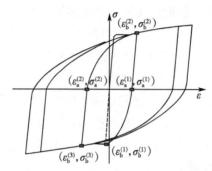

图 6-2 普通钢筋反复拉压应力-应变曲线

此模型基于 Legeron 模型，再加载路径合理考虑了钢筋的包辛格效应，并做了以下修正来反映钢筋单调加载时的屈服、硬化和软化：①引入钢筋的屈服点、硬化起点、应力峰值点和极限应力点，将 Legeron 模型的双线性骨架曲线修正为带抛物线的三段式；②引入参数 k_5，$k_5 = f_y / f_y'$，即钢筋抗拉屈服强度和钢筋抗压屈服强度的比值；从而将钢筋的本构变成可以分别模拟具有屈服台阶的拉压等强的普通钢筋和没有屈服台阶的拉压不等强的高强钢筋和钢绞线的通用模型。

（2）混凝土本构模型

混凝土本构模型如图 6-3 所示，骨架曲线分为两段，上升段遵循式（6-1），下降段为直线，滞回关系不考虑混凝土的抗拉强度，THUFIBER 程序中通过修改极限抗压强度 σ_u 和极限压应变 ε_u 来模拟普通混凝土、约束混凝土等的材料行为及控制混凝土的本构关系。使用此模型时，需要在截面中输入 5 个变量来定义混凝土的单轴应力应变行为：混凝土的初始弹性模量、峰值抗压强度和压应变、极限抗压强度和压应变：

$$\sigma = f_c \left[2 \left(\frac{\varepsilon}{\varepsilon_c} \right) - \left(\frac{\varepsilon}{\varepsilon_c} \right)^2 \right] 。 \tag{6-1}$$

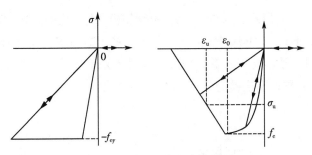

图 6-3　简化混凝土本构关系

（3）几何模型

THUFIBER 程序针对只考虑弯曲作用的欧拉梁单元（52 号单元）和同时考虑剪切、弯曲作用的铁木辛柯梁单元（98 号单元），通过开发更完善的钢筋混凝土本构，可以模拟复杂受力状态下的混凝土构件，本书在 Marc 软件的 Geometric Properties 属性中，选择 3-D/elastic beam 单元，并定义截面信息，选择考虑剪切作用的 98 号铁木辛柯梁单元来模拟梁、柱，将每根梁、柱均划分为 5 个单元。

6.3.2　填充墙模型

本书由于仅需要对结构进行整体性地震反应分析，不需要追踪裂缝的发展情况或砌体填充墙局部的破坏等，考虑到要给填充墙开洞，采用均质化有限元模型对填充墙进行建模研究。

（1）材料模型

国内外研究人员在研究砌体本构关系的过程中都会引入一定的经验和假设，所以不同的人可能会得出不同的结果，但比较成功的本构关系都会反映出以下几点。

①初始阶段：砌体为弹性阶段，应力应变关系是线性的，墙体出现细小裂缝。

②砌体应力应变曲线出现较大的非线性，出现应力峰值点。

③峰值点后，应力随应变增加而减小，曲线出现反弯点，砌体基本丧失承载力。

④应力应变曲线接近水平，最后达到极限压应变。

本书采用 R. Wang 简化的砌体本构关系曲线，此曲线能较好地描述上述特点，如图 6-4 所示，其中，f_m 为砌体抗压强度平均值。在 MENTANT 前处理界面中，通过 Material Properties 菜单下的 ISOTROPIC 功能定义砌体材料的杨氏模量、泊松比等参数，以及材料进入弹塑性后的参数，并通过 TABLES 功能定义材料本构模型。

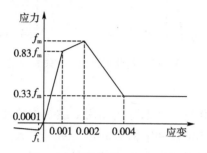

图 6-4　填充墙本构关系曲线

（2）几何模型

壳单元是针对一维尺度远远小于其他方向尺度，并且垂直于厚度方向的应力可以忽略的结构单元，壳单元的每个节点有 6 个自由度，薄壳单元忽略离面法向应力和横向剪应力，厚壳单元忽略离面法向应力，但认为横向剪应力对结构有重要影响，由前面的填充墙与梁柱间的受力可知，横向剪应变对结果影响不大，因此，填充墙单元选择 139 号四节点的三维薄壳单元来模拟，在 3-D/SHELL 中定义填充墙的厚度等几何属性。

（3）墙—框连接模拟

框架与填充墙之间的连接并非刚性连接，因此在处理梁单元和壳单元连接的节点问题时，要考虑墙、框之间的实际受力情况。MENTANT 前处理界面中 LINKS 菜单下的 SERVO LINKS 功能包括一个被连接的节点，一个或多个保留节点，以及二者之间的连接约束条件，通过定义 LINKS，将被连接节点的自由度成为保留节点的相应自由度函数，此函数关系在求解方程的过程中通过一个约束矩阵来体现。本书把在一个框架平面内的梁柱单元的两个平动自由度和一个转动自由度与壳单元保留节点约束到一起，来实现填充墙与框架之间的连接。

在 MENTANT 中，通过 LINK 菜单下的 SERVO LINKS 功能来连接壳单元和梁单元，将梁单元两个方向的平动自由度和一个转动自由度与壳单元的自由度相约束，从而较为合理地考虑框架与填充墙之间的连接。

6.4　含薄弱层结构的弹塑性地震反应分析

结构的变形程度可用层间位移和顶点位移两种方式来衡量和表达，各个层间位移之和即为定点位移，层间位移主要影响到非结构构件的破坏，如梁柱节点滑移、抗震墙的开裂、塑性铰的发展及屈服机制的形成等，而顶点位移主要影响防震缝宽度、结构的总体稳定性及小震时人的感觉等。本章以结构层间位移和层间位移角共同表达结构的地震反应结果。

6.4.1　第一类模型地震反应分析

结构三维分析模型如图 6-5 所示，为简化起见，下面只给出在 EL-Centro 地震波下，对只有梁柱和弹性楼板的框架结构模型在 X 向地震动下的分析结果。在峰值加速度为 0.2 g 时，结构各层的位移反应如图 6-6 至图 6-10 所示。

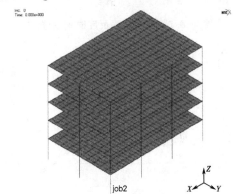

图 6-5　结构三维分析模型

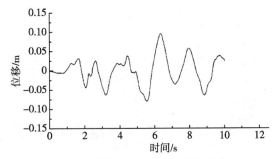

图 6-6　第一层位移反应时程曲线

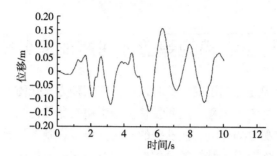

图 6-7　第二层位移反应时程曲线

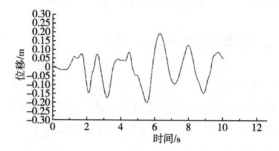

图 6-8　第三层位移反应时程曲线

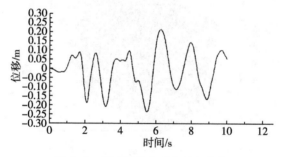

图 6-9　第四层位移反应时程曲线

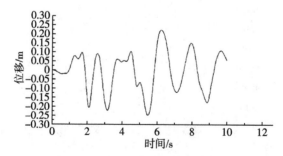

图 6-10　第五层位移反应时程曲线

下面以云图的方式查看此模型的结果，在 THUFIBER 程序中设定了当该程序的单元出现钢筋屈服时，单元的 User Defined Variable 1 变量数值由 0 变化至 1，由此判断结构梁柱单元是否出现塑性铰，在 MSC.Marc 的后处理界面中，点击 SCALAR，选择 User Defined Variable 1 为要显示的结果，然后选择 BEAM COUTOURS，并关闭除框架梁柱以外其他单元的选择集，只显示框架单元，显示结果如图 6-11 所示，从图 6-11 中可以看到在最终的荷载步，塑性铰出现在第一层和第二层，并且都出现在柱端，所有楼层中梁柱节点应变集中十分明显，柱端应变明显大于梁端应变。

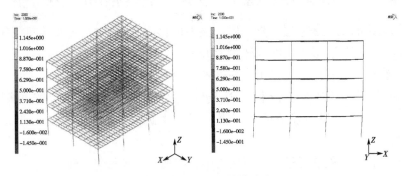

图 6-11　框架塑性铰分布

结构各层的位移及层间位移角如表 6-1 所示，结构各层的最大位移分布如图 6-12 所示，结构各层的层间最大位移角分布如图 6-13 所示。

表 6-1　结构各层的位移及层间位移角

	绝对位移/cm	相对位移/cm	层间位移角	弹性层间位移角限值	弹塑性层间位移角限值
第五层	24.87	1.50	1/239	1/550	1/50
第四层	23.37	3.26	1/110	1/550	1/50
第三层	20.11	4.44	1/81	1/550	1/50
第二层	15.67	6.13	1/59	1/550	1/50
第一层	9.54	9.54	1/44	1/550	1/50

从以上计算数据及分析图可以得到如下结论。

①在峰值加速度为 0.2 g 的地震作用下，带弹性楼板的纯框架结构呈明显的剪切型变形。

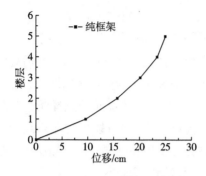 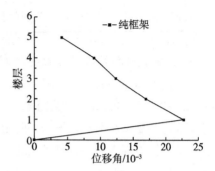

图 6-12　结构各层最大位移分布　　图 6-13　结构各层的层间最大位移角分布

②结构的最大变形层在第一层，最大位移为 9.54 cm，最大层间位移角也出现在第一层，最大层间位移角为 1/44。

③结构各层在此地震作用下均进入了弹塑性阶段。

④第一层的弹塑性位移角达到了规范规定的弹塑性位移角限值 1/50，在不计入填充墙的情况下第一层所受到的地震力比较大，变形也比较大。

⑤梁柱节点处受力较大，应变集中，在地震中极易出现塑性铰。

⑥柱铰先于梁铰出现。

6.4.2　第二类模型地震反应分析

（1）第一组，薄弱层在结构底部

通过改变填充墙的布置使第一层形成薄弱层，即使第二至第五层的填充墙保持不变，改变第一层填充墙的数量和开洞情况，改变第一层的侧移刚度，形成几种不同的侧移刚度比 K_2/K_1，K_1 为结构第一层初始层间侧移刚度，K_2 为结构第二层初始层间侧移刚度。表 6-2 分别给出了结构底层填充墙的布置情况及相邻第二层的侧移刚度的比值（刚度为初始刚度），将表中侧移刚度为 K_2/K_1 的各种模型在 EL-Centro（1979）（NS）地震波下进行地震反应分析，将结果整理和对比，为简化起见，本书只给出 $K_2/K_1=3.33$ 下结构底层、3 层和顶层的位移反应时程曲线，如图 6-15 至图 6-17 所示，结构三维模型如图 6-14 所示。

表 6-2　底层与相邻第二层的侧移刚度的比值

模型	填充墙布置情况		K_2/K_1
	第一层	其余各层	
模型 1	不布置填充墙	均布满填充墙，且填充墙均无洞口	5.59
模型 2	不布置填充墙	均布满填充墙，且左面一跨填充墙布置洞口，洞口率 50%	4.83
模型 3	不布置填充墙	均布满填充墙，且左面二跨填充墙布置洞口，洞口率 50%	4.08
模型 4	不布置填充墙	均布满填充墙，且所有填充墙均布置洞口，洞口率 50%	3.33
模型 5	前一跨布置填充墙	均布满填充墙，所有填充墙均开洞，洞口率 50%	2.58
模型 6	前二跨布置填充墙	均布满填充墙，所有填充墙均开洞，洞口率 50%	1.72
模型 7	前三跨都布置填充墙	均布满填充墙，且均开洞，洞口率 50%	1.41

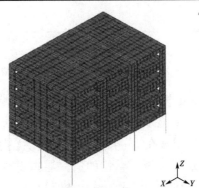

图 6-14　结构三维模型

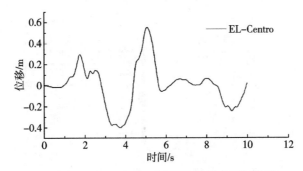

图 6-15　K_2/K_1 = 3.33 时底层位移反应时程曲线

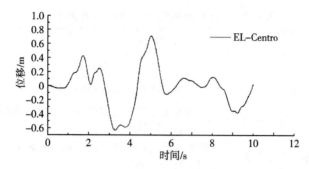

图 6-16　$K_2/K_1 = 3.33$ 时 3 层位移反应时程曲线

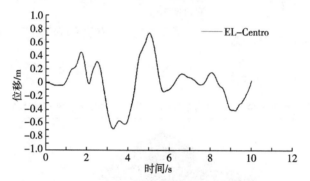

图 6-17　$K_2/K_1 = 3.33$ 时顶层位移反应时程曲线

　　下面用 MSC.Marc 后处理中应变云图的方式查看此模型的分析结果，框架梁柱单元的应变云图结果显示方法如前所述，显示结果如图 6-18 所示，在最终的荷载步，塑性铰出现在第一层，并且都出现在柱端，柱端应变明显大于梁端应变，由于在地震作用下结构的第一层本身受到的地震力就比较大，再加上填充墙的布置使第一层成为结构薄弱层，因此结构变形集中在第

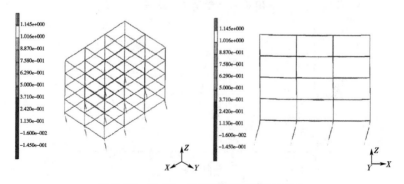

图 6-18　$K_2/K_1 = 3.33$ 时框架塑性铰分布

一层框架梁柱上，而上面几层梁柱变形相对较小；填充墙的应变云图如图 6-19 所示，在第 400 荷载步填充墙单元即达到极限压应变，各层填充墙的应变分布相似。

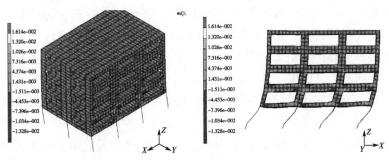

图 6-19　$K_2/K_1 = 3.33$ 时填充墙应变云图

将 $K_2/K_1 = 3.33$ 时，结构各层在 EL-Centro 波、Taft 波和 1988 耿马波 3 条地震波下位移及层间位移角平均值整理，结果如表 6-3 所示，结构各层位移分布如图 6-20 所示，各层的层间最大位移角分布如图 6-21 所示。

表 6-3　$K_2/K_1 = 3.33$ 时结构各层位移及层间位移角平均值

	绝对位移/cm	相对位移/cm	层间位移角	弹性层间位移角限值	弹塑性层间位移角限值
第五层	30.29	1.10	1/327	1/550	1/50
第四层	29.19	2.94	1/135	1/550	1/50
第三层	26.52	5.78	1/59	1/550	1/50
第二层	20.47	8.55	1/42	1/550	1/50
第一层	11.92	11.92	1/35	1/550	1/50

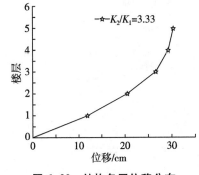

图 6-20　结构各层位移分布

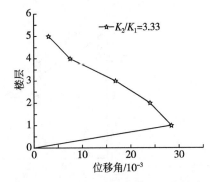

图 6-21　各层的层间最大位移角分布

从以上结果可以看到，在地震作用下底层的相对位移为 11.92 cm，层间位移角为 1/35，远大于其余几层，且层间位移角远超出了规范规定的弹性层间位移角限值 1/550，达到弹塑性层间位移角限值 1/50。

通过对不同 K_2/K_1 情况下结构的地震反应分析，得到结构在 EL-Centro 波、Taft 波和 1988 耿马波 3 条地震波下各层的最大层间位移角平均值，确定第二层和底部薄弱层之间侧移刚度比的合理限值。当结构底层为薄弱层时，在不同的侧移刚度比值下，结构各层的最大层间位移角平均值如表 6-4 所示，将各个刚度比下结构各层的层间位移角和只带弹性楼板的框架结构各层的层间位移角绘制在同一坐标系下进行对比，如图 6-22 所示，不同刚度比下结构各层的最大层间位移角与纯框架层间位移角差值如表 6-5 所示。

表 6-4　结构各层的最大层间位移角平均值

K_2/K_1	第一层	第二层	第三层	第四层	第五层
1.41	1/36	1/45	1/60	1/135	1/305
1.72	1/36	1/40	1/57	1/132	1/310
2.58	1/35	1/41	1/58	1/132	1/313
3.33	1/35	1/42	1/59	1/135	1/327
4.08	1/27	1/43	1/78	1/222	1/857
4.83	1/23	1/42	1/90	1/974	1/1499
5.59	1/21	1/41	1/94	1/1059	1/2570

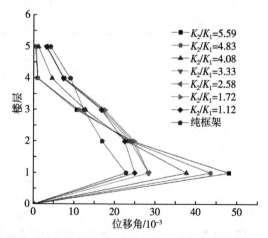

图 6-22　不同刚度比下结构各层的层间位移角曲线

表6-5　不同刚度比下结构各层的最大层间位移角与纯框架层间位移角差值

K_2/K_1	第五层	第四层	第三层	第二层	第一层
1.41	−1/1125	−1/600	1/228	1/181	1/596
1.72	−1/1048	−1/679	1/187	1/132	1/179
2.58	−1/1018	−1/667	1/201	1/133	1/179
3.33	−1/900	−1/610	1/21	1/146	1/179
4.08	−1/332	−1/221	1/2398	1/160	1/67
4.83	−1/286	−1/124	−1/818	1/142	1/48
5.59	−1/264	−1/123	−1/580	1/134	1/40

从表6-4可以看出，在0.2g的大震作用下结构底层的层间位移角最大，已经远远超过规范所规定的框架结构弹塑性层间位移角限值1/50，此外，第二层的层间位移角也达到了规范规定的弹塑性限值，随层高的增加，结构层间位移角明显减小，尤其是第四、第五层的层间位移角刚刚超过规范规定的弹性限值，或尚且还在弹性范围内。当$K_2/K_1 > 3.33$时，结构的塑性变形明显集中在底层，使得底层成为最薄弱的环节，并且随K_2/K_1的增大，底层的层间位移角增大；而当$1 \leqslant K_2/K_1 \leqslant 3.33$时，底层的层间位移角不随$K_2/K_1$的增减而产生显著的变化，其最大层间位移角值基本相等。

从表6-5可以得到，当$K_2/K_1 > 3.33$时，结构层间位移角差值增加最明显的是在第一层，由于底层为薄弱层，框架的变形大部分集中在了底层，消耗掉了大部分的地震能量，使得顶部几层所受地震力减小，变形减小很多，因而底部薄弱结构的顶层位移比纯框架结构顶层位移要小；当$1 \leqslant K_2/K_1 \leqslant 3.33$时，结构层间位移角差值集中在第一层和第二层，第二层稍大于第一层，并且随着K_2/K_1的增减，差值不发生显著变化。

通过以上数据对比分析可以得到，当$1 \leqslant K_2/K_1 \leqslant 3.33$时，底层的最大层间位移角变化幅度不大，填充墙数量的改变虽然对结构的侧移刚度有影响，但对结构整体地震反应贡献不大；而当$K_2/K_1 > 3.33$时，填充墙数量的改变对结构的影响十分显著，远远超出规范规定的1/50，因此建议在进行填充墙框架的结构设计时，要充分考虑填充墙的影响，避免由于填充墙分布不均匀致使结构刚度突变而产生薄弱层，当结构底层薄弱时，令底层及相邻结构层的初始侧移刚度比值满足$1 \leqslant K_2/K_1 \leqslant 3.33$，即底层与其相邻结构层的初始侧移刚度比限值为3。

（2）第二组，薄弱层在结构中部

第一、第二、第四、第五层的填充墙保持不变，即使它们的侧向刚度不变，改变第三层填充墙的数量和开洞情况，形成几种不同的侧移刚度比 K_2/K_3 或 K_4/K_3，为了比较的合理性，这里取 $K_2 = K_4$，K_2 为结构第二层初始层间侧移刚度，K_3 为结构第三层初始层间侧移刚度，K_4 为结构第四层初始层间侧移刚度。表 6-6 分别给出了第三层填充墙的布置情况及相邻的第二层初始层间侧移刚度的比值。

表 6-6　第三层与相邻第二层的侧移刚度的比值

模型	填充墙布置情况		K_2/K_3
	第三层	其余各层	
模型 1	不布置填充墙	均布满填充墙，且填充墙均无开洞	8.83
模型 2	不布置填充墙	均布满填充墙，且左面一跨填充墙布置洞口，洞口率 50%	7.48
模型 3	不布置填充墙	均布满填充墙，且左面二跨填充墙布置洞口，洞口率 50%	6.13
模型 4	不布置填充墙	均布满填充墙，且所有填充墙均布置洞口，洞口率 50%	4.78
模型 5	前一跨布置填充墙	均布满填充墙，所有填充墙均开洞，洞口率 50%	3.58
模型 6	前二跨布置填充墙	均布满填充墙，所有填充墙均开洞，洞口率 50%	2.33
模型 7	前三跨都布置填充墙	均布满填充墙，且均开洞，洞口率 50%	1.00

将表 6-6 中结构侧移刚度为 K_2/K_3 的各种模型在 EL-Centro（1979）（NS）地震波下进行地震反应分析，将计算结果整理和对比，下面只给出 $K_2/K_3 = 4.78$ 下结构底层、3 层和顶层的位移反应时程曲线，如图 6-24 至图 6-26 所示，结构三维模型如图 6-23 所示。

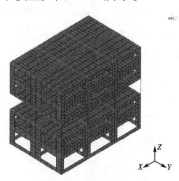

图 6-23　结构三维模型

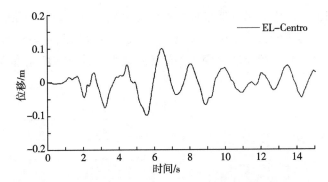

图 6-24　$K_2/K_3 = 4.78$ 时底层位移反应时程曲线

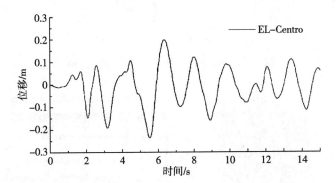

图 6-25　$K_2/K_3 = 4.78$ 时 3 层位移反应时程曲线

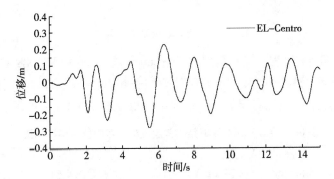

图 6-26　$K_2/K_3 = 4.78$ 时顶层位移反应时程曲线

下面以云图的方式查看结果，框架梁柱单元应变云图结果显示方法如前所述，显示结果如图 6-27 所示。从图 6-27 中可以看到在最终的荷载步，塑性铰出现在第三层，并且都出现在柱端，柱端应变明显大于梁端应变。根据填充墙的布置，在理论上将第三层形成薄弱层，因此结构变形集中在第三层框架梁柱上。此外，第一层梁柱节点应变也相对较大，其余几层梁柱变形较小。填充墙的应变云图如图 6-28 所示，在第 420 荷载步填充墙单元即达到极限压应变，底部填充墙应变比上部几层较大，并且在填充墙角隅部位应变集中。

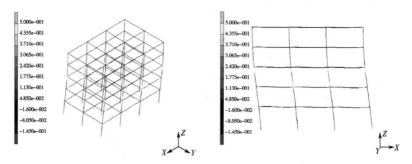

图 6-27 $K_2/K_3 = 4.78$ 时框架塑性铰分布

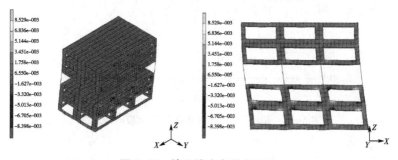

图 6-28   填充墙应变分布云图

将 $K_2/K_3 = 4.78$ 时，结构各层在 EL-Centro 波、Taft 波和 1988 耿马波 3 条地震波下位移及层间位移角平均值整理如表 6-7 所示，结构各层位移分布如图 6-29 所示，结构各层的层间最大位移角分布如图 6-30 所示。

表 6-7 $K_2/K_3 = 4.78$ 时结构各层位移及层间位移角平均值

	绝对位移/cm	相对位移/cm	层间位移角	弹性层间位移角限值	弹塑性层间位移角限值
第五层	29.75	1.22	1/295	1/550	1/50
第四层	28.53	2.78	1/130	1/550	1/50
第三层	25.75	6.74	1/53	1/550	1/50
第二层	19.01	8.46	1/43	1/550	1/50
第一层	10.55	10.55	1/40	1/550	1/50

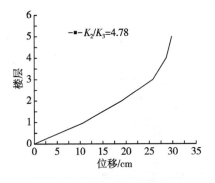

图 6-29　$K_2/K_3 = 4.78$ 时各层
位移分布

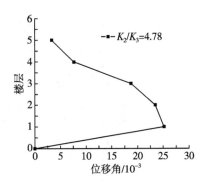

图 6-30　$K_2/K_3 = 4.78$ 时最大层
间位移角分布

从以上结果可以看到，把第三层设为薄弱层时，结构底层仍然产生很大的位移，当 $K_2/K_3 = 4.78$ 时，底层结构的位移为 10.55 cm，层间位移角为 1/40，第三层的位移为 6.74 cm，层间位移角为 1/53，在曲线中产生了较大的突变，这两层的层间位移角均远超出了规范规定的弹性层间位移角限值 1/550，并且第三层也几乎达到弹塑性层间位移角限值 1/50。

通过对不同 K_2/K_3 情况下结构的地震反应分析，得到结构在 EL-Centro 波、Taft 波和 1988 耿马波 3 条地震波下各层的最大层间位移角平均值，从而确定第三层和其相邻层侧移刚度比的合理限值，结构各层的最大层间位移角平均值如表 6-8 所示，并将各个刚度比下结构每层的层间位移角和只带弹性楼板框架的层间位移角绘制在同一坐标系下进行对比，如图 6-31 所示，不同刚度比下结构各层的最大层间位移角与纯框架层间位移角差值如表 6-9 所示。

表 6-8　结构各层的最大层间位移角平均值

K_2/K_3	第一层	第二层	第三层	第四层	第五层
1.00	1/40	1/45	1/60	1/135	1/305
2.33	1/36	1/40	1/54	1/130	1/307
3.58	1/38	1/41	1/52	1/130	1/303
4.78	1/40	1/43	1/53	1/130	1/295
6.13	1/31	1/40	1/56	1/159	1/947
7.48	1/27	1/46	1/81	1/1091	1/1637
8.83	1/24	1/40	1/73	1/1449	1/2252

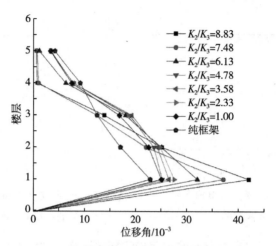

图 6-31   不同刚度比下结构各层的层间位移角曲线

表 6-9   不同刚度比下结构各层的最大层间位移角与纯框架层间位移角差值

K_2/K_3	第五层	第四层	第三层	第二层	第一层
1.00	−1/1125	−1/600	1/228	1/181	1/596
2.33	−1/1080	−1/720	1/165	1/128	1/215
3.58	−1/1143	−1/720	1/147	1/138	1/277
4.78	−1/1271	−1/750	1/103	1/152	1/430
6.13	−1/321	−1/364	1/179	1/124	1/108
7.48	−1/281	−1/123	−1/37 037	1/200	1/70
8.83	−1/268	−1/119	1/692	1/123	1/2

从表 6-8 可以看出，即使在第三层改变填充墙的数量使其成为薄弱层，在 0.2 g 的大震作用下结构底层的层间位移角仍然最大，同样，超过规范所规定的框架结构弹塑性层间位移角限值 1/50，此外，第三层的层间位移角也明显很大；第四、第五层的层间位移角很小，刚刚超过规范规定的弹性限值或尚且还在弹性范围内。当 $K_2/K_3 > 4.78$ 时，结构的塑性变形明显集中在下面 3 层，不仅使得第三层成为薄弱层，第一层的弹塑性变形也十分明显；当 $1 \leqslant K_2/K_3 \leqslant 4.78$ 时，第三层层间位移角随 K_2/K_3 的增减变化幅度不大，并且各层的变形相对也比较均匀。

从表 6-9 可以看出，当 $K_2/K_3 > 4.78$ 时，结构层间位移角差值增加最明显的仍然是在第一层；当 $1 \leqslant K_2/K_3 \leqslant 4.78$ 时，结构层间位移角差值分布逐渐趋于均匀。

通过以上数据对比分析可以得到，当 $1 \leqslant K_2/K_3 \leqslant 4.78$ 时，结构各层的层间位移角分布较均匀；当 $K_2/K_3 > 4.78$ 时，填充墙数量的改变对结构的影响十分显著。此外，由上面结果可以看到，当结构中部出现薄弱层时，不仅使得结构的弹塑性变形集中在该层，结构的第一层仍然属于薄弱层，因此建议在进行框架结构设计时，要充分考虑填充墙的影响，避免由于填充墙分布不均匀而导致结构刚度突变产生薄弱层，令结构中间层及相邻层的初始侧移刚度比值满足 $1 \leqslant K_2/K_3 \leqslant 4.78$，考虑合理性取结构中部薄弱层与其相邻层的初始侧移刚度比限值为 4.5。

（3）第三组，薄弱层在结构顶部

第一至第四层的填充墙保持不变，改变第五层填充墙的数量和开洞情况，形成几种不同的侧移刚度比 K_4/K_5，表 6-10 分别给出了结构顶层填充墙的布置情况及相邻层的侧移刚度比（刚度为初始侧移刚度）。

表 6-10　顶层与相邻第四层的侧移刚度的比值

模型	填充墙布置情况		K_4/K_5
	第五层	其余各层	
模型 1	不布置填充墙	均布满填充墙，且填充墙均无开洞	8.83
模型 2	不布置填充墙	均布满填充墙，且左面一跨填充墙布置洞口，洞口率 50%	7.48
模型 3	不布置填充墙	均布满填充墙，且左面二跨填充墙布置洞口，洞口率 50%	6.13
模型 4	不布置填充墙	均布满填充墙，且所有填充墙均布置洞口，洞口率 50%	4.78
模型 5	前一跨布置填充墙	均布满填充墙，所有填充墙均开洞，洞口率 50%	3.58
模型 6	前二跨布置填充墙	均布满填充墙，所有填充墙均开洞，洞口率 50%	2.33
模型 7	前三跨都布置填充墙	均布满填充墙，且均开洞，洞口率 50%	1.00

将表 6-10 中结构侧移刚度为 K_4/K_5 的各种模型在 EL-Centro（1979）（NS）地震波下进行地震反应分析，并将结果整理和对比，为简化起见，本

书只给出 $K_4/K_5 = 4.78$ 下结构底层、3 层和顶层的位移反应时程曲线，如图 6-33 至图 6-35 所示，结构三维模型如图 6-32 所示。

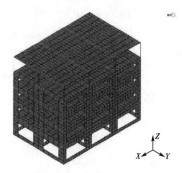

图 6-32　结构三维模型

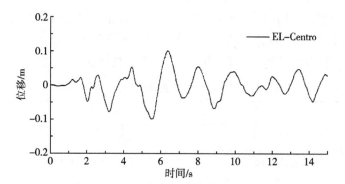

图 6-33　$K_4/K_5 = 4.78$ 时底层位移反应时程曲线

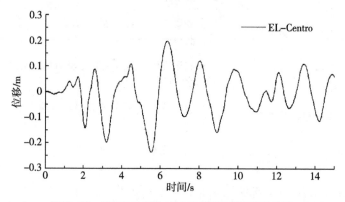

图 6-34　$K_4/K_5 = 4.78$ 时 3 层位移反应时程曲线

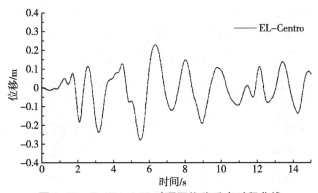

图 6-35　$K_4/K_5 = 4.78$ 时顶层位移反应时程曲线

下面以云图的方式查看结果，如图 6-36 所示，可以看到在最终的荷载步，顶层和第一层有塑性铰出现，梁柱节点应变集中，且柱端应变大于梁端节点，根据填充墙的布置，在理论上使第五层形成了薄弱层，因此结构变形集中在第五层框架梁柱上。填充墙的应变云图如图 6-37 所示，在第 450 荷载步填充墙单元即达到极限压应变，中间几层填充墙角隅部位应变集中比较明显。

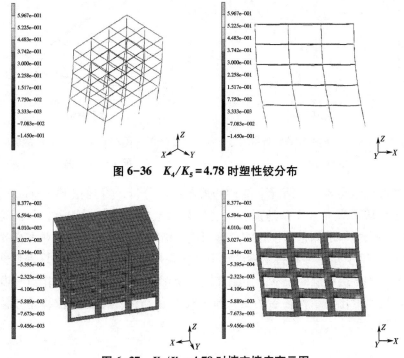

图 6-36　$K_4/K_5 = 4.78$ 时塑性铰分布

图 6-37　$K_4/K_5 = 4.78$ 时填充墙应变云图

将 $K_4/K_5 = 4.78$ 时，在 EL-Centro 波、Taft 波和 1988 耿马波 3 条地震波下结构各层的位移及层间位移角平均值整理如表 6-11 所示，结构各层位移分布如图 6-38 所示，结构各层的层间最大位移角分布如图 6-39 所示。

表 6-11 $K_4/K_5 = 4.78$ 时结构各层位移及层间位移角平均值

	绝对位移/cm	相对位移/cm	层间位移角	弹性层间位移角限值	弹塑性层间位移角限值
第五层	27.89	1.36	1/265	1/550	1/50
第四层	26.53	2.76	1/131	1/550	1/50
第三层	23.77	6.00	1/60	1/550	1/50
第二层	17.77	7.84	1/46	1/550	1/50
第一层	9.93	9.93	1/42	1/550	1/50

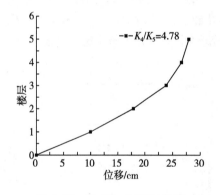

图 6-38 $K_4/K_5 = 4.78$ 时各层
位移分布

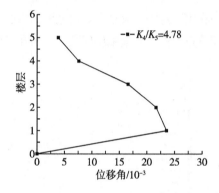

图 6-39 $K_4/K_5 = 4.78$ 时各层的层间
最大位移角分布

通过对不同 K_4/K_5 情况下结构的地震反应分析，得到在 EL-Centro 波、Taft 波和 1988 耿马波 3 条地震波下各层最大层间位移角平均值，从而确定结构顶层和相邻层侧移刚度比的合理限值，结构各层的最大层间位移角平均值如表 6-12 所示，并将各个刚度比下结构各层的层间位移角和只带弹性楼板框架结构各层的层间位移角绘制在同一坐标系下进行对比，如图 6-40 所示，不同刚度比下结构各层的最大层间位移角与纯框架层间位移角差值如表 6-13 所示。

表 6-12　结构各层的最大层间位移角平均值

K_4/K_5	第一层	第二层	第三层	第四层	第五层
1.00	1/40	1/44	1/60	1/135	1/305
2.33	1/41	1/45	1/60	1/132	1/283
3.58	1/42	1/46	1/60	1/131	1/273
4.78	1/42	1/46	1/60	1/131	1/264
6.13	1/36	1/46	1/77	1/185	1/333
7.48	1/31	1/51	1/116	1/1125	1/632
8.83	1/29	1/65	1/1499	1/2252	1/621

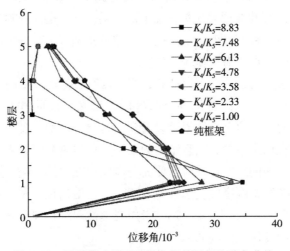

图 6-40　不同刚度比下结构各层的层间位移角曲线

表 6-13　不同刚度比下结构各层的最大层间位移角与纯框架层间位移角差值

K_4/K_5	第五层	第四层	第三层	第二层	第一层
1.00	−1/1125	−1/600	1/228	1/181	1/596
2.33	−1/1080	−1/720	1/165	1/128	1/245
3.58	−1/1143	−1/720	1/147	1/138	1/277
4.78	−1/1271	−1/750	1/103	1/152	1/430
6.13	−1/321	−1/364	1/179	1/124	1/109
7.48	−1/281	−1/123	−1/37037	1/200	1/704
8.83	−1/268	−1/119	1/692	1/123	1/52

当 $K_4/K_5 = 1.00$ 时，结构各层填充墙刚度分布均匀，且均有洞口，从图 6-40 中可以看到，当 $K_4/K_5 = 8.83$ 时，各层的层间位移角均与当 $K_4/K_5 = 1.00$ 时相差很大，结构的弹塑性变形明显集中在第一层，并且由于结构顶层填充墙布置较少，使得顶层的层间位移角比第三、第四层还要大；随着 K_4/K_5 的比值减小，结构各层的弹塑性变形逐渐趋于均匀，尤其是当 $K_4/K_5 < 4.78$ 以后，结构各层的层间位移角曲线几乎与填充墙均匀布置时重合。

从表 6-12 可以看出，即使在顶层改变填充墙的数量使其成为薄弱层，在 0.2 g 的大震作用下结构底层的层间位移角仍最大，同样超过规范所规定的框架结构弹塑性层间位移角限值 1/50，此外，当 K_4/K_5 比值较大时，结构顶层的位移要比第三、第四层还要大，相对此 2 层成了薄弱层。当 $K_4/K_5 > 4.78$ 时，结构的塑性变形明显集中在下面 2 层，此 2 层的弹塑性变形十分明显；当 $1 \leqslant K_4/K_5 \leqslant 4.78$ 时，底层的层间位移角随 K_4/K_5 的增减变化幅度不大，并且各层的变形相对也比较均匀。

通过以上数据对比分析可以得到，当 $1 \leqslant K_4/K_5 \leqslant 4.78$ 时，结构各层的层间位移角分布较均匀；当 $K_4/K_5 > 4.78$ 时，填充墙数量的改变对结构的影响十分显著。此外，由上面结果可以看到，当结构顶部出现薄弱层时，结构的弹塑性变形在该层集中，而且结构的第一层仍然是变形最大层，因此建议在进行填充墙框架的结构设计时，要充分考虑填充墙的影响，避免因填充墙布置不均匀而使结构刚度突变出现薄弱环节，使结构顶层及相邻层的初始侧移刚度比值满足 $1 \leqslant K_4/K_5 \leqslant 4.78$，考虑合理性取结构顶部薄弱层与其相邻层的初始侧移刚度比限值为 4.5。

上面分别将结构的底层、中间层和顶层通过改变填充墙的数量设置成薄弱层，经过结果分析，可得出以下结论。

①在地震反应下，结构在薄弱层均有变形集中，在刚度薄弱层的柱端、梁端均产生塑性铰。

②无论这种薄弱层在结构的底部、中部还是顶部，结构的最大变形都是在第一层，薄弱层与相邻层的刚度比值越大，结构第一层的位移也越大。此外，设置的薄弱层的变形要比均匀布置填充墙时增大很多。

③无论薄弱层在结构的底部、中部还是顶部，初始侧移刚度比在一定范围内变化时，结构最大层位移及层间位移角不发生显著变化，超过此范围，层间位移及位移角突增。

④建议在结构的第一层适当地增添抗震墙，使第一层侧移刚度增大，从

而增强第一层的抗剪能力。

6.4.3　合理的结构侧移刚度比

通过 6.4.2 节的分析和比较可以发现，对于填充墙框架结构，在一定范围内控制填充墙数量的变化，将两个相邻层的侧移刚度比值限定在一个合理的范围内，保证结构整体变形均匀，对改善结构的抗震性能十分有效，从而更好地抵抗地震作用，具体如下。

①结构底层为薄弱层时，薄弱层与相邻层的初始侧移刚度比值限定为 3。

②结构中部为薄弱层时，薄弱层与相邻层的初始侧移刚度比值限定为 4.5。

③结构顶部为薄弱层时，薄弱层与相邻层的初始侧移刚度比值限定为 4.5。

6.5　填充墙材料对结构性能的影响

填充墙可由不同种类的砌块砌筑，如烧结黏土砖、蒸压粉煤灰砖等，由于各种砌体材料的各方面性质不同，因此不同砌块砌筑的砌体填充墙可能对结构会产生不同的影响，本书针对材料性质相差比较悬殊的两种填充墙材料进行建模，即烧结黏土砖和陶粒混凝土空心砌块，并与加上弹性楼板的框架结构模型进行对比分析。

模型一：带弹性楼板的框架模型，只考虑填充墙的质量，模型如图 6-5 所示。

模型二：框架陶粒混凝土空心砌块填充墙模型（结构各层均匀布置填充墙，且均有洞口，洞口率 50%），如图 6-41 所示。

模型三：框架烧结黏土砖填充墙模型（结构各层均匀布置填充墙，且均有洞口，洞口率 50%），如图 6-42 所示。

在峰值加速度为 0.2 g 的 EL-Centro 地震波下，模型一的位移时程曲线见 6.4.2 节、6.4.3 节，模型二的第一、第三、第五层地震反应位移时程曲线如图 6-43 至图 6-45。

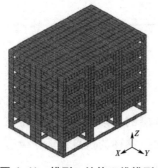
图 6-41　模型二结构三维模型

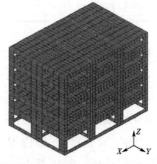
图 6-42　模型三结构三维模型

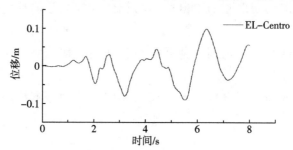
图 6-43　第一层位移时程曲线

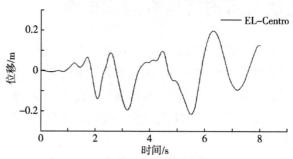
图 6-44　第三层位移时程曲线

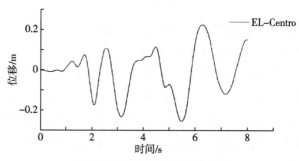
图 6-45　第五层位移时程曲线

下面以云图的方式查看模型二的结果，框架梁柱单元塑性铰显示方法如前所述，如图 6-46 所示，在最终的荷载步，梁柱单元出现了塑性铰，并且都集中在了梁柱端部，在梁柱节点处应变集中。此外，随楼层的增加，应变值减小，塑性铰也相对减少。填充墙的应变云图如图 6-47 所示，在第 450 荷载步，局部应变达到极限压应变，且应变集中在墙角部。

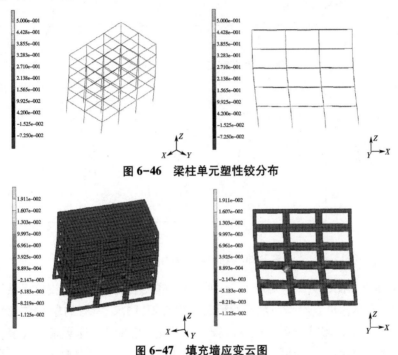

图 6-46　梁柱单元塑性铰分布

图 6-47　填充墙应变云图

在峰值加速度为 0.2 g 的 EL-Centro 地震波下，模型三的第一、第三、第五层地震反应位移时程曲线如图 6-48 至图 6-50 所示。

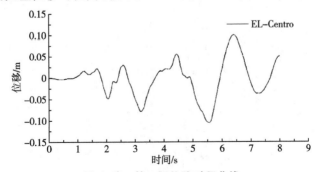

图 6-48　第一层位移时程曲线

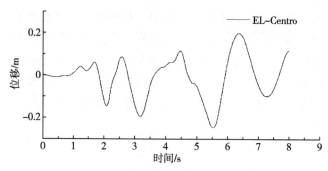

图 6-49　第三层位移时程曲线

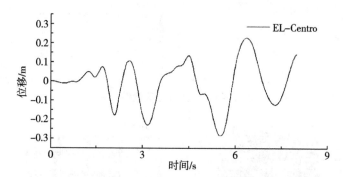

图 6-50　第五层位移时程曲线

　　下面以云图的方式查看模型三的结果，框架梁柱单元塑性铰显示结果如图 6-51 所示，可以看到在最终的荷载步出现塑性铰，所有的塑性铰都集中在了梁柱端部，梁柱节点处应变值较大，且柱端应变值大于梁端应变值，并且随楼层的增加，应变值减小，塑性铰也相对减少。填充墙的应变云图如图 6-52 所示，在第 420 荷载步局部已经达到极限应变，并且应变集中在墙角部。

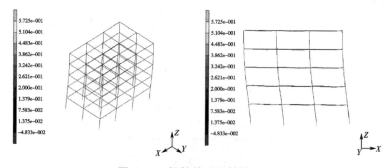

图 6-51　梁柱单元塑性铰分布

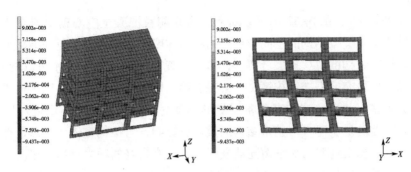

图 6-52　填充墙应变云图

3 种模型的最大层间位移和层间位移角如表 6-14 和表 6-15，并将 3 种模型各层的位移、位移角绘制在同一坐标下，如图 6-53 和图 6-54 所示。

表 6-14　结构各层的最大层间位移

	第一层/cm	第二层/cm	第三层/cm	第四层/cm	第五层/cm
模型一	9.57	15.67	20.11	23.37	24.87
模型二	9.84	16.12	21.57	24.22	25.49
模型三	10.49	18.58	24.60	27.26	28.44

表 6-15　结构各层的最大层间位移角

	第一层/cm	第二层/cm	第三层/cm	第四层/cm	第五层/cm
模型一	1/44	1/59	1/81	1/110	1/240
模型二	1/43	1/57	1/67	1/136	1/284
模型三	1/40	1/44	1/60	1/135	1/305

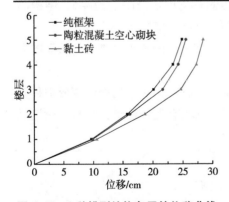

图 6-53　3 种模型结构各层的位移曲线　图 6-54　3 种模型结构各层的层间位移角曲线

从表 6-14 和图 6-53 中可以看到，带有陶粒混凝土空心砌块填充墙的框架结构与纯框架结构的层间位移及结构整体变形比较接近，而烧结黏土砖填充墙框架结构的位移比二者要大许多；从表 6-15 和图 6-54 中可以看到，烧结黏土砖填充墙框架结构第一、第二、第三层的层间位移角要比另外两模型要大很多，并且从整体来看各层变形不如另外两模型均匀。因此可以得出，填充墙的材料不仅对整个结构的重量有影响，对结构整体变形都是有影响的，在结构设计时为保证填充墙框架结构具有良好的动力特性，建议尽量选择轻质填充墙材料。

6.6　小结

本章通过对填充墙引起的 RC 框架结构薄弱层破坏机制的研究，得出如下结论。

①无论薄弱层在结构的底部、中部还是顶部，结构的最大变形都是在首层，薄弱层与相邻层的刚度比值越大，结构首层的位移也越大。

②无论薄弱层在结构的底部、中部还是顶部，初始侧移刚度比在一定范围内变化时，结构最大层位移及层间位移角不发生显著变化，超过此范围，层间位移及位移角突增。

③对于填充墙框架结构，建议将两个相邻层的侧移刚度比值限定在一个合理的范围内，保证结构整体变形均匀，对改善结构的抗震性能十分有效：结构底层为薄弱层时，薄弱层与相邻层的初始侧移刚度比值限定为 3；结构中部为薄弱层时，薄弱层与相邻层的初始侧移刚度比值限定为 4.5；结构顶部为薄弱层时，薄弱层与相邻层的初始侧移刚度比值限定为 4.5。

④建议在结构的首层适当增添抗震墙，使首层侧移刚度增大，从而增强第一层的抗剪能力。

⑤填充墙的材料不仅对整个结构的重量有影响，对结构整体变形都是有影响的，在结构设计时为保证填充墙框架结构具有良好的动力特性，建议尽量选择轻质填充墙材料。

参考文献

[1] 李巨文，薄景山，卢滔. 玉树 7.1 级地震学校建筑震害分析[J]. 自热灾害学报，2013，1：123-129.

[2] 清华大学土木结构组，西南交通大学土木结构组，北京交通大学土木结构组. 汶川地震建筑震害分析[J]. 建筑结构学报，2008，29（4）：1-9.

[3] 孙柏涛，闫培雷，张明宇，等. 汶川 8.0 级大地震极重灾区映秀镇不同建筑结构震害概述及原因简析[J]. 地震工程与工程振动，2008，28（5）：1-9.

[4] 王成. 玉树 4 · 14 地震建筑结构震害调查与分析[J]. 建筑结构，2010，40（8）：106-109.

[5] 王亚勇，白雪霜. 台湾 9 · 21 地震中钢筋混凝土结构震害特征[J]. 工程抗震，2001（1）：3-7.

[6] 尹保江，罗开海，薛彦涛. 玉树 4 · 14 地震钢筋混凝土框架震害调查与分析[J]. 土木建筑与环境工程，2010，32（2）：6-8.

[7] 中华人民共和国建设部. 建筑抗震设计规范：GB 50011—2010[S]. 北京：中国建筑工业出版社，2010.

[8] 徐有邻. 汶川震害的教训——教学楼倒塌的反思[J]. 建筑结构，2009，39（11）：50-53.

[9] 叶列平，李易，潘鹏. 漩口中学建筑震害调查分析[J]. 建筑结构，2009，39（11）：54-57.

[10] 叶列平，曲哲，马千里，等. 从汶川地震中框架结构震害谈"强柱弱梁"屈服机制的实现[J]. 建筑结构，2008，38（11）：52-67.

[11] 叶列平，曲哲，陆新征，等. 提高建筑结构抗地震倒塌能力的设计思想与方法[J]. 建筑结构学报，2008，29（4）：42-50.

[12] 叶列平，陆新征，赵世春，等. 框架结构抗地震倒塌能力的研究——汶川地震极震区几个框架结构震害案例的分析[J]. 建筑结构学报，

2009, 30 (9)：67-76.

[13] 白凤. 论我国中小学教学楼防倒塌的抗震概念设计[J]. 工业建筑, 2009, 39 (1)：42-46.

[14] 马玉虎, 陆新征, 叶列平, 等. 漩口中学典型框架结构震害模拟与分析[J]. 工程力学, 2011, 28 (5)：71-77.

[15] 黄思凝. 外廊式 RC 框架地震破坏及倒塌机理研究[D]. 哈尔滨：中国地震局工程力学研究所, 2012.

[16] 中华人民共和国建设部. 金属材料 室温拉伸试验方法：GB/T 228—2002[S]. 北京：中国建筑工业出版社, 2002.

[17] 中华人民共和国建设部. 普通混凝土力学性能试验方法标准：GB/T 50081—2002[S]. 北京：中国建筑工业出版社, 2002.

[18] 中华人民共和国建设部. 建筑砂浆基本性能试验方法标准：JGJ/T 70—2009[S]. 北京：中国建筑工业出版社, 2009.

[19] 中华人民共和国建设部. 砌体基本力学性能试验方法标准：GBJ 129—1990[S]. 北京：中国建筑工业出版社, 1990.

[20] 黄群贤. 新型砌体填充墙框架结构抗震性能与弹塑性地震反应分析方法研究[D]. 北京：华侨大学, 2011.

[21] 中华人民共和国建设部. 建筑抗震试验方法规程：JGJ 101—1996[S]. 北京：中国建筑工业出版社, 1997.

[22] Mehrabi A B, Shing P B, Schuller M, et al. Experimental evaluation of masonry - infilled RC frames [J]. Journal of Structural Engineering, 1996, 122 (3)：228-237.

[23] Angel R. Behavior of reinforced concrete frames with masonry infill walls [D]. Department of Civil Engineering：University of Illinois at Urbana-Champaign, 1994.

[24] Anil O, Altin S. An experimental study on reinforced concrete partially infilled frames [J]. Engineering Structures, 2007 (29)：449-460.

[25] Park Y J, Ang A H S. Mechanistic seismic damage model for reinforeced concrete [J]. Journal of Structural Engineering, 1985, 111 (4)：722-739.

[26] Stavridis A. Analytical and experimental study of seismic performance of reinforced concrete frames infilled with masonry walls [D]. University of

California, San Diego, 2009.

[27] Shahrooz B M, Moehle J P. Evaluation of seismic performance of reinforced concrete frames [J]. Journal of Structural Engineering, 1990, 117 (5): 1403-1422.

[28] Crisafulli F J, Carr A J. Proposed macro-model for the analysis of infilled frame structures [J]. Bulletin of the New Zealand Society for Earthquake Engineering, 2007, 40 (2): 69-77.

[29] Mohyeddin-Kermani A, Goldsworthy H M, Gad E. A review of the seismic behaviour of RC frames with masonry infill [C]. Australian Earthquake Engineering Society Conference (AEES 2008), Ballarat Victoria, Australia, 2008.

[30] Polyakov S V. On the interactions between masonry filler walls and enclosing frame when loaded in the plane of the wall [M]. Moscow: Translations in Earthquake Engineering Research Institute, 1956.

[31] Mallick D V, Severn R T. The behaviour of infilled frames under static loading [J]. Proceedings of the Institution of Civil Engineers, 1967: 639-656.

[32] Lotfi H R, Shing P B. An appraisal of smeared crack models for masonry shear wall analysis [J]. Computers and Structures, 1991, 41 (3): 413-425.

[33] Lotfi H R, Shing P B. An interface model applied to fracture of masonry structures [J]. Journal of Structural Engineering, 1994, 120 (1): 63-80.

[34] Lourenco P B. Computational strategies for masonry structures [D]. Civil Engineering Department, Delft University of Technology, Netherlands, 1996.

[35] Lourenco P B. An orthotropic continuum model for the analysis of masonry structures [R]. Delft University of Technology, TNO - 95 - NM - R0712, 1995.

[36] Lourenco P B, Rots J G. Multisurface interface model for analysis of masonry structures [J]. Journal of Engineering Mechanics, 1997, 40: 4033-4057.

[37] Charles J K. Predicting the in‐plane capacity of masonry infilled frames [D]. Tennessee Technological University, 2007.

[38] Crisafulli F J, Carr A J, Park R. Analytical modelling of infilled frame structures–a general review [J]. Bulletin of theNew Zealand Society for Earthquake Engineering, 2000, 33 (1): 30–47.

[39] Crisafulli F J. Seismic behaviour of reinforced concrete structures with masonry infills [D]. University of Canterbury, 1997.

[40] Mandan A, Reinhorn A M, Mander J B. Modeling of masonry infill panels for structural analysis [J]. Journal of Structural, 1997, 10: 1295–1302.

[41] Mohyeddin A, Goldsworthy H M, Gad E F. FE modelling of RC frames with masonry infill panels under in–plane and out–of–plane loading [J]. Engineering Structures, 2013, 51: 73–87.

[42] Schmidt T. An approach of modeling masonry infilled frames by the FE method and a modified equivalent strut method [R]. Annual Journal on Concrete and Concrete Structures, Darmstadt University, 1989.

[43] Koutromanos I, Stavridis A, Shing P B, et al. Numerical modeling of masonry‐infilled RC frames subjected to seismic loads [J]. Computers and Structures, 2011, 89: 1026–1037.

[44] Koutromanos I. Numerical analysis of masonry–infilled reinforced concrete frames subjected to seismic loads and experimental evaluation of retrofit techniques [D]. University of California, 2011.

[45] Mehrabi A B, Shing P B. Finite element modeling of masonry–infilled RC frames [J]. Journal of Structural Engineering, 1997, 123 (11): 604–613.

[46] Shing P B, Mehrabi A B. Behaviour and analysis of masonry‐infilled frames [J]. Progress in Structural Engineering and Materials, 2002, 4 (3): 320–331.

[47] Citto C. Two dimentional interface model applied to masonry structure [D]. University of Bologna, MS thesis, 2008.

[48] Fonseca G M, Silva R M, Lourenco P B. The behavior of two masonry infilled frames: a numerical study [J]. Academy thesis, 1998: 1–8.

［49］ Rots J G. Numerical simulation of cracking in structural masonry ［J］. The Netherlands：Netherlands School for Advanced Studies in Construction, 1991, 36（2）：49-63.

［50］ Rots J G, Borst R. Analysis of mixed-mode fracture in concrete ［J］. Journal of Engineering Mechanics, 1987, 113（11）：1739-1758.

［51］ 李建中，吕西林，李翔，等. 汶川地震中钢筋混凝土框架结构的震害 ［J］. 结构工程师，2008, 24（3）：9-11.

［52］ 李英民，韩军，田启祥，等. 填充墙对框架结构抗震性能的影响［J］. 地震工程与工程振动，2009, 29（3）：51-58.

［53］ 中华人民共和国建设部. 混凝土结构设计规范：GB 50010—2010［S］. 北京：中国建筑工业出版社，2010.

［54］ 施楚贤. 砌体结构［M］. 北京：中国建筑工业出版社，2003.

［55］ 中华人民共和国建设部. 砌体结构设计规范：GB 50003—2011［S］. 北京：中国建筑工业出版社，2011.

［56］ 中华人民共和国建设部. 蒸压加气混凝土砌块砌体结构技术规范： CECS 289—2011［S］. 北京：中国建筑工业出版社，2011.

［57］ 童岳生，钱国芳. 砖填充墙钢筋混凝土框架房屋的实用抗震计算方法 ［J］. 建筑结构学报，1987, 8（1）：43-52.

［58］ Pradhan P M, Pradhan P L, Maskey R K. A review on partial infilled frames under lateral loads ［J］. Kathmandu University Journal of Science, Engineering and Technology, 2012, 8（1）：142-152.

［59］ 史少鹏，刘伟庆，王曙光. 带填充墙框架的精细化有限元模拟与分析 ［J］. 南京工业大学学（自然科学版），2011, 33（5）：79-83.

［60］ 吴勇，雷汲川，杨红，等. 板筋参与梁端负弯矩承载力问题的探讨 ［J］. 重庆建筑大学学报，2002, 24（3）：33-37.

［61］ Park R, Gamble W L. Reinforced concrete slabs ［M］. Toronto, Canada： John Wiley and Sons, 2000.

［62］ T·鲍雷，M·J·N·普里斯特利. 钢筋混凝土和砌体结构的抗震设 计［M］. 戴瑞同，陈世鸣，等译. 北京：建筑工业出版社，1993.

［63］ 高小旺，卜庆顺. 多层钢筋混凝土框架房屋周期折减系数和层间位移 修正系数取值［J］. 建筑结构，1993, 2：42-46.

［64］ 姜锐，苏小卒. 塑性铰长度经验公式的比较研究［J］. 工业建筑，

2008，38（增刊）：425-429.

[65] 石宏彬. 框架结构填充墙影响及强梁弱柱成因研究[D]. 哈尔滨：中国地震局工程力学研究所，2012.

[66] 蒋永生，陈忠范，周绪平，等. 整绕梁板的框架节点抗震研究[J]. 建筑结构学报，1994，15（6）：11-16.

[67] 曹万林，王光远，吴建有，等. 轻质填充墙异型柱框架结构层刚度及其衰减过程的研究[J]. 建筑结构学报，1995（5）：20-31.

[68] 中华人民共和国建设部. 高层建筑混凝土结构技术规程：JGJ 3—2002[S]. 北京：中国标准出版社，2002.

[69] 中华人民共和国建设部. 建筑抗震设计规范：GB/T 50011—2001[S]. 北京：中国标准出版社，2001.

[70] 陆新征，叶列平，缪志伟，等. 建筑抗震弹塑性分析[M]. 北京：中国建筑工业出版社，2009.

图书购买或征订方式

关注官方微信和微博可有机会获得免费赠书

 淘宝店购买方式：
直接搜索淘宝店名：**科学技术文献出版社**

 微信购买方式：
直接搜索微信公众号：**科学技术文献出版社**

 重点书书讯可关注官方微博：
微博名称：**科学技术文献出版社**

 电话邮购方式：

联系人：王　静
电话：010-58882873，13811210803
邮箱：3081881659@qq.com
QQ：3081881659

汇款方式：

户　名：科学技术文献出版社
开户行：工行公主坟支行
帐　号：0200004609014463033